In dankbarem Gedenken
meinem Freund und Lehrer
in Ruminologie,
Prof. Dr. Dr. h. c. Sven Hoflund †,
Stockholm, gewidmet.

GERRIT DIRKSEN

Indigestionen beim Rind

Vortragsreihe
»Vormagenkrankheiten« –
6. Internationale Tagung der Fakultät
für Veterinärwissenschaften der
Universität La Plata, Argentinien,
November 1978, und Intensivkursus
für lateinamerikanische Tierärzte,
Hannover, Februar 1980.

Schnetztor-Verlag GmbH Konstanz

Prof. Dr. med. vet. Gerrit Dirksen
Vorstand der II. Medizinischen Tierklinik
Innere Krankheiten der Klauentiere
der Universität München
8000 München 22, Veterinärstraße 13

Printed in Germany

Gestaltung: Harald Petri
Gesamtherstellung:
Druckerei Kuttruff KG, Konstanz
ISBN 3-87018-020-X

Inhalt

Vorwort

Die in der vorliegenden Monographie zusammengestellten Vorträge wurden als Blockvorlesung auf der 6. Internationalen Tagung der Fakultät für Veterinärwissenschaften La Plata, Argentinien, (Nov. 1978) sowie im Rahmen des Intensivkurses für lateinamerikanische Tierärzte in Hannover (Februar 1980) gehalten. Darüber hinaus ist aus dem Themenkreis zu verschiedenen Gelegenheiten im deutschsprachigen Raum vorgetragen worden. Sowohl von den lateinamerikanischen als auch von den deutschsprachigen Tierärzten wurde wiederholt der Wunsch an mich herangetragen, ihnen die Manuskripte zur Verfügung zu stellen.
Die Absicht, den gesamten Text einschließlich von erläuternden Abbildungen und Diagrammen zu drucken, konnte jedoch erst jetzt verwirklicht werden, nachdem sich die Firma Byk Gulden freundlicherweise bereit gefunden hat, die Drucklegung zu unterstützen. Ihrem großzügigen Entgegenkommen ist es zu verdanken, daß neben der spanischen auch eine deutschsprachige Ausgabe erscheinen kann.
Für die Übersetzung des Textes ins Spanische bin ich Herrn Dr. Enrique Renner, Ranchos/Argentinien, zu großem Dank verpflichtet. Darüber hinaus wurde mir von mehreren lateinamerikanischen Kollegen sprachliche Hilfe zuteil, wofür ich ebenfalls aufrichtig danke. Dem Schnetztor-Verlag bin ich verbunden für die prompte Abwicklung des Druckes und für die gute Ausstattung.

Im September 1981 G. Dirksen

Einteilung und Diagnostik der Krankheiten von Haube und Pansen (Indigestionen) beim erwachsenen Rind

Blicken wir zurück auf die Entwicklung der Buiatrik im letzten Jahrhundert, so ist festzustellen, daß es kaum einen Krankheitskomplex gibt, der sich im Laufe der Zeit so stark erweitert und differenziert hat, wie derjenige der Vormagenkrankheiten des erwachsenen Rindes. Zwar ist schon frühzeitig die Tendenz erkennbar, die Krankheiten der Vormägen gegenüber anderen Verdauungsstörungen abzugrenzen, jedoch mußte man sich, solange die Ursachen nur unzulänglich bekannt waren, mit einer überwiegend symptomatologischen Klassifizierung nach dem hervortretenden Leitsymptom zufriedengeben.
Einen wesentlichen Fortschritt brachte die Erkenntnis, daß ein erheblicher Teil der Pansendysfunktionen durch einstechende Fremdkörper hervorgerufen wird. Auch die akuten Tympanien wurden schon sehr früh als besondere Formen der Vormagenstörungen erkannt. Eine weitere Differenzierung ergab sich mit der Abklärung der sogenannten „Vagusindigestion" durch HOFLUND in den vierziger Jahren. Daneben blieben aber sehr allgemeine Bezeichnungen, wie „nichttraumatische Indigestion mit Überladung/ ohne Überladung/ ohne Intoxikation/ mit Intoxikation" bis in die jüngste Zeit in Gebrauch.
Erst mit der in den vergangenen 30 Jahren abgelaufenen intensiven Erforschung der mikrobiellen Verdauungsvorgänge im Hauben-Pansenraum wurde der Anstoß gegeben, auch die krankhaften Veränderungen der mikrobiell-biochemischen Vormagenverdauung zu untersuchen und als selbständige Erkrankungen zu erkennen. Diese Entwicklung ist bis heute nicht abgeschlossen; derzeit dürfte jedoch ein Kenntnisstand erreicht sein, der es erlaubt, den Versuch zu unternehmen, die Vormagenkrankheiten allein nach ätiologischen Gesichtspunkten zu klassifizieren.

Die nachstehende *Einteilung* begrenzt den Begriff „Indigestion" allein auf Krankheiten von Haube und Pansen. Die Krankheiten des Psalters bleiben darin unberücksichtigt. Zunächst wird zwischen den primären und den sekundären Indigestionen unterschieden. Während bei den ersteren Haube und Pansen primär betroffen sind, treten die *sekundären Indigestionen* im Gefolge von Erkrankungen an anderen Organen oder auch als Begleitsymptome schwerer Allgemeinerkrankungen auf. So führen z. B. schwere fieberhafte Mastitiden nicht selten zu Inappetenz mit verminderter Pansenmotorik

Übersicht 1: Indigestionen (Krankheiten von Haube und Pansen)

Primäre Indigestionen (Haube und Pansen primär betroffen)	Störungen der Mechanik
	Krankheiten der Magenwand Störungen der Nervenfunktion Mechanische Passagebehinderungen
	Störungen der biochemischen Digestion
	mit physiologischem pH mit hohem pH mit tiefem pH
Sekundäre Indigestionen (Haube und Pansen sekundär beteiligt)	Insufficientia motorica ret. et rum. secundaria
	Insufficientia biochimica simplex ingest. ruminis secundaria
	Hyperaciditas hydrochlorica ingestorum ruminis

und, infolge der reduzierten Futteraufnahme, auch zur Inaktivität der mikrobiell-biochemischen Verdauungsvorgänge. Darüber hinaus ist aber auch die Hyperaciditas hydrochlorica ingestorum ruminis, die durch Rückstau von Salzsäure aus dem Labmagen bedingte Verdauungsstörung, unter die sekundären Indigestionen einzureihen.

Die *primären Indigestionen* lassen sich in Erkrankungen mit vorwiegender *Störung der Mechanik* und in solche mit vorwiegender Störung der mikrobiell-biochemischen Digestion unterteilen. Die erstgenannte Gruppe umfaßt die Krankheiten der Magenwand, Störungen der Nervenfunktion und mechanische Passagebehinderungen, d. h. Krankheiten, die sich vorwiegend auf die Motorik auswirken und daher der Einfachheit halber auch als „motorische Indigestionen" bezeichnet werden (Übersicht 2).

Wie später noch ausführlich dargelegt werden wird, bereitet die Definierung der „Insufficientia motorica reticuli et ruminis sine tympania acuta" im Lichte der neuen Erkenntnisse erhebliche Schwierigkeiten. Aus verschiedenen Gründen erscheint es jedoch zweckmäßig, an diesem Krankheitsbegriff vorerst noch festzuhalten. Als „Insufficientia motorica reticuli et ruminis cum tympania acuta" ist die akute Pansentympanie mit freiem Gas zu verstehen. Diese Bezeichnung wurde deshalb gewählt, weil der Gasansammlung entweder ein Ausfall der Ruktuskontraktion des dorsalen Pansensackes oder eine

Übersicht 2: Primäre Störungen der Hauben-Pansenmechanik

Insufficientia motorica ret. et rum. sine tympania acuta
Insufficientia motorica ret. et rum. cum tympania acuta
Reticuloperitonitis traumatica
Reticulitis aut/et ruminitis nontraumatica
Paralysis partis abdomin. nervi vagi
Eventratio diaphragmatica reticuli
Obstructio cardiae aut ostii reticuloomasici
Vomitus

mechanische Behinderung durch Verlegung der Kardia oder des Schlundes zugrunde liegt.
Unter der Bezeichnung „Reticulitis aut/ et ruminitis non traumatica" sollen alle Ruminitiden eingeordnet werden, die nicht mit einer gleichzeitig bestehenden chronisch-latenten oder akuten Pansenazidose verbunden sind sowie die tumorösen Veränderungen der Pansenwand.

Übersicht 3: Primäre Störungen der mikrobiell biochemischen Digestion im Hauben-Pansenraum

Mit hohem pH-Wert des Pansensaftes	Insuffic. biochim. simplex ingest. rum. Alcalosis ingestorum ruminis (NH_3) Putrefactio ingestorum ruminis
Mit tiefem pH-Wert des Pansensaftes	Acidosis ingestorum rum. latens chron. Acidosis ingestorum rum. acuta
Mit physiologischem (oder erniedrigtem) pH-Wert des Pansensaftes	Fermentatio spumosa ingest. rum. cum tympania acuta

Die *primären Störungen der mikrobiell-biochemischen Digestion* im Hauben-Pansenraum werden nach dem im typischen Fall vorliegenden pH-Wert des Pansensaftes in drei Gruppen unterteilt:
Zu den Störungen mit hohem pH-Wert des Pansensaftes gehört die „Insufficientia biochimica simplex ingestorum ruminis", sie wird auch als „Einfache Inaktivität der Vormagenflora und -fauna" bezeichnet. Der „Alcalosis ingestorum ruminis" werden diejenigen Erkrankungen zugeordnet, bei denen die Alkalisierung durch einen Anstieg des Ammoniakgehaltes im Pansensaft hervorgerufen wird. Indigestionen mit Alkalisierung der Vormagenflüssigkeit infolge Anstieg des Bikarbonatgehaltes (bei gleichzeitigem Absinken der Säu-

reproduktion), wie z. B. die zuvorgenannte Insufficientia biochimica simplex, gehören nicht dazu. Zwischen den Störungen mit Alkalisierung und der „Putrefactio ingestorum ruminis“ bestehen fließende Übergänge.
Indigestionen mit pathologisch erniedrigtem pH-Wert des Pansensaftes sind die chronisch-latente und die akute Pansenazidose.
Die akute Tympanie infolge schaumiger Gärung des Vormageninhaltes wird in dieser Klassifizierung unter den Störungen mit physiologischem oder erniedrigtem pH-Wert des Pansensaftes eingereiht. Der pH-Wert ist in diesem Fall zwar für die Gruppierung und Diagnostik von untergeordneter Bedeutung, diese Tympanieform ist jedoch unter den primär mikrobiell-biochemischen Störungen der Hauben-Pansendigestion aufzuführen, wenn wir das ätiologische Ordnungsprinzip konsequent anwenden wollen.
Wie jedes Einteilungsschema, so hat natürlich auch dieses seine Mängel. So kommen Übergänge zwischen den einzelnen Krankheitsformen vor, die sich nicht klar in dieses System einordnen lassen. Auch gibt es zwischen gewissen Krankheitsbegriffen Überschneidungen. Der große Vorteil dieser Systematik besteht jedoch darin, daß der Untersucher und Diagnostiker von vornherein gezwungen wird, seine Überlegungen ganz auf die Ätiologie der vorliegenden Vormagenstörung zu konzentrieren.

Untersuchungsgang zur Klärung von Vormagenkrankheiten

1. Erhebung der Anamnese unter besonderer Berücksichtigung der Fütterung: Selbst wenn eine akute, lebensbedrohliche Tympanie vorliegt, kann eine kurze Fütterungsanamnese nicht unterlassen werden. Sie gibt den Hinweis, ob das Tier Futtermittel wie Leguminosen, nasses Gras oder eiweißreiche Konzentrate aufgenommen hat, die zu einer schaumigen Gärung führen oder ob eher eine Tympanie mit Ansammlung von freiem Gas zu vermuten ist. Von ebenso großer Bedeutung ist der Vorbericht über die Fütterung aber auch bei allen anderen Fällen von Indigestionen. Aus der Art der verabreichten Futtermittel und ihrem Gehalt an Grundnährstoffen können nämlich Rückschlüsse auf die im Zuge der mikrobiellen Verdauung eintretenden biochemischen Veränderungen im Vormageninhalt gezogen werden. So lassen sich z. B. bei einer Ration, die reich an schwerverdaulichen, gutstrukturierten Kohlenhydraten (Heu und Stroh) ist, die auf Übersäuerung beruhenden Vormagenkrankheiten schon aufgrund der Fütterungsanamnese ausschließen. Liegt dennoch ein niedriger pH-Wert im Pansensaft vor, so ist anzunehmen, daß der niedrige pH nicht auf organischen Säuren, sondern auf Rückstau von Salzsäure aus dem Labmagen beruht. Hat das betreffende Tier jedoch einen hohen Anteil an leicht verdaulichen Kohlenhydraten in der Ration, so ist die akute oder die chronisch-latente Azidose in Betracht zu ziehen.

2. *Gründliche klinische Allgemeinuntersuchung* – um festzustellen, ob es sich tatsächlich um eine primäre Indigestion und nicht um eine sekundäre Verdauungsstörung im Gefolge einer anderen Organ- oder Allgemeinkrankheit handelt.

3. *Spezielle Untersuchung des Vormagensystems:* Sie beginnt mit der *Adspektion* der linken Flanke (Hungergrube) und des Umrisses der Leibeswand. Aus der Wölbung der linken Flanke läßt sich schon adspektorisch erkennen, ob eine verminderte, normale oder vermehrte Füllung des Pansens vorliegt und ob eine vermehrte Gasansammlung besteht; nicht selten lassen sich auch Bewegungsvorgänge feststellen. Aus dem Umriß der Leibeswand können oftmals wertvolle Schlüsse gezogen werden, z.B. im Hinblick auf eine Vagusindigestion.
Durch die *Palpation* des Pansens in der linken Flanke ist zum einen dessen Füllung feststellbar und zum anderen die Konsistenz seines Inhaltes. Dabei ist zu klären, ob der Panseninhalt seine normale Schichtung in mehr flüssigen Inhalt ventral, knetbares Rauhfutter in der Mitte und gasförmigen Inhalt dorsal besitzt oder ob – im Falle einer Austrocknung – das feste Futter als harter Klumpen auf dem Pansenboden zusammengeballt ist. Beim Überfressen mit Getreideschrot zeigt die Verflüssigung des Vormageninhaltes an, daß die Stärke bereits weitgehend zu Milchsäure vergoren worden ist.

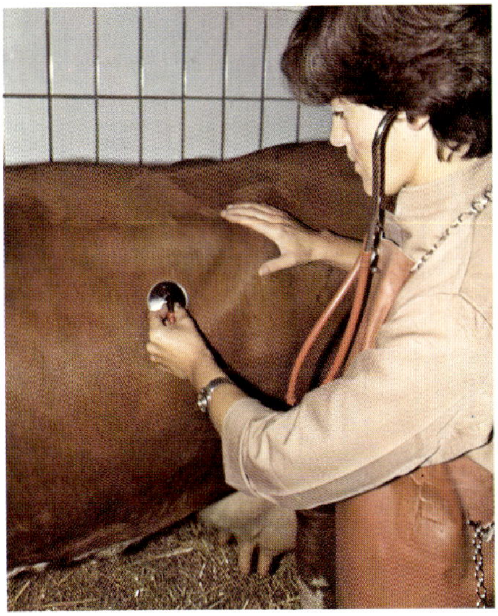

Abb. 1: Doppelauskultation des Pansens – Ansetzen des Phonendoskopkopfes in der linken Hungergrube

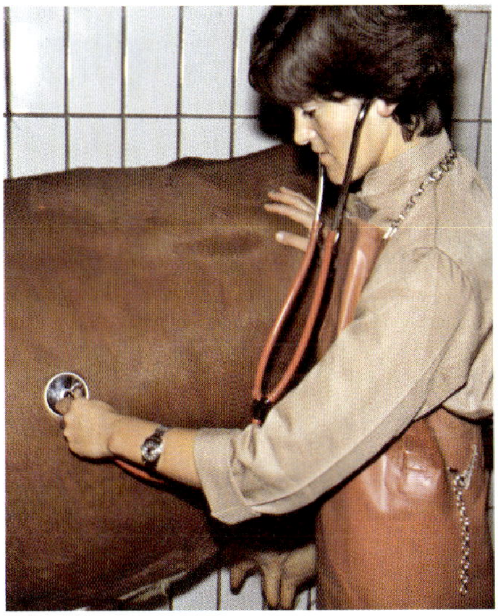

Abb. 2: Doppelauskultation des Pansens – Ansetzen des Phonendoskopkopfes an der rippengestützten Bauchwand

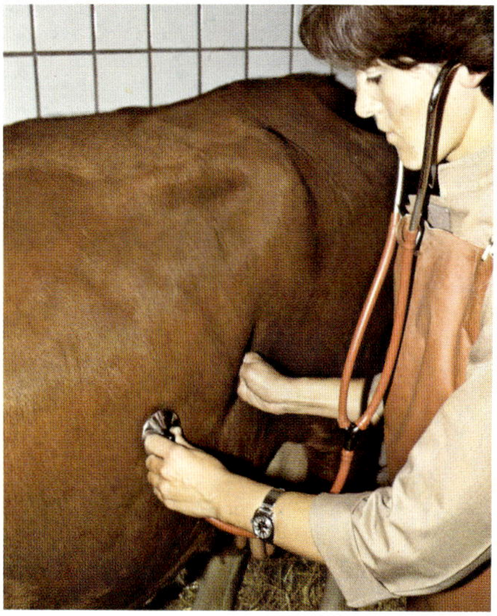

Abb. 3: „Schwingauskultation" zur Auslösung der metallisch klingenden Plätschergeräusche im linksseits verlagerten Labmagen

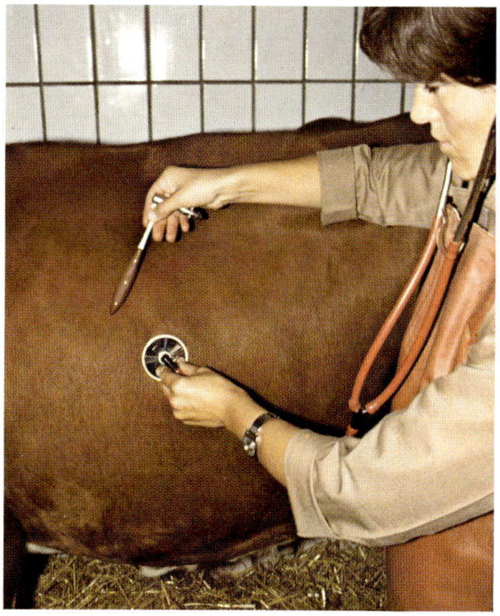

Abb. 4: Auskultation und Perkussion zur Auslösung der metallisch klingenden Töne (steelband effect) bei linksseitiger Labmagenverlagerung

Auskultatorisch ist auf Zahl, Intensität und Art der Pansengeräusche zu achten. Die Auskultation wird grundsätzlich als Doppelauskultation ausgeführt, d. h., sowohl in der Hungergrube (Abb. 1) als auch weiter kranial über den Rippen (Abb. 2), um zu ermitteln, ob Pansengeräusche dort ebenfalls hörbar sind oder nicht. Im letztgenannten Fall ist Verdacht auf eine linksseitige Labmagenverlagerung zu erheben und die Schwingauskultation (Abb. 3) und die Auskultation und Perkussion (Abb. 4) vorzunehmen. Dies gilt auch, wenn überhaupt keine Pansengeräusche an der linken Bauchwand hörbar sind.
Die Registrierung der Motorik mit Hilfe von Ruminographen hat bislang nur geringe praktische Bedeutung gewonnen.
Die *Perkussion* des Pansens (Abb. 5) ergibt normalerweise eine schräg nach vorn abfallende Dämpfungslinie. Die Pansen- und Haubenperkussion sind nur von begrenztem diagnostischen Wert.
Die *rektale Palpation* der Bauchhöhle und des Pansens folgt gewöhnlich am Ende des gesamten Untersuchungsganges (Abb. 6). Vom Mastdarm aus lassen sich Füllungszustand des Pansens und Konsistenz seines Inhaltes meist noch besser ertasten als bei der äußeren Palpation. Außerdem ist auf den Umfang des ventralen Pansensackes zu achten, auf die Größe der Darmbeinlymphknoten und der Lymphknoten an der Pansenlängsfurche, auf die Beweglich-

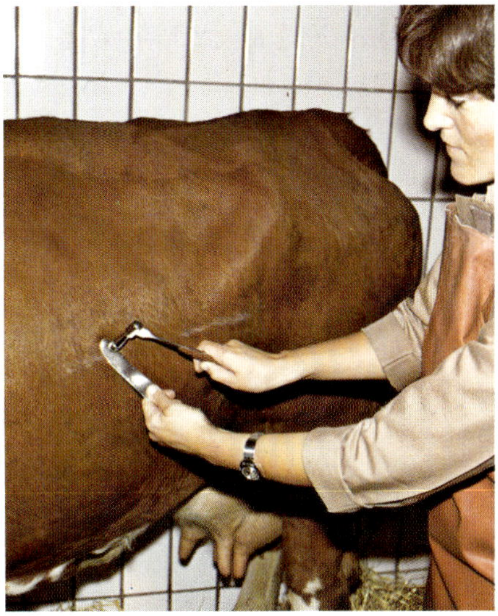

Abb. 5: Pansenperkussion

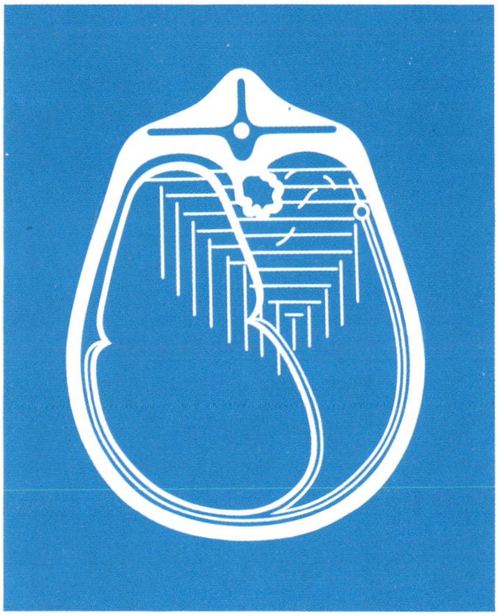

Abb. 6: Normaler Palpationsbefund bei der rektalen Untersuchung

keit der linken Niere sowie auf die Beschaffenheit der in der rechten Bauchhöhlenhälfte gelegenen Eingeweideorgane.

Die nun folgende spezielle Untersuchung auf Vorliegen einer traumatischen Indigestion dient nicht nur zur Erkennung von stechenden Netzmagen- oder Pansenfremdkörpern, sondern auch zur Feststellung von anderen schmerzhaften Prozessen innerhalb der Bauchhöhle. Grundlage der Untersuchung sind nach wie vor die drei „klassischen" *Schmerzproben*: der Rückengriff, die Schmerzperkussion und die Stabprobe (Abb. 9). Eine vorrangige Stelle nimmt die Schmerzperkussion mit dem schweren Perkussionshammer ein (Abb. 8), denn auf diesem Wege läßt sich nicht nur das Vorhandensein eines Bauchhöhlenschmerzes ermitteln, sondern oftmals auch seine Lokalisation. Bei der Ausführung des Rückengriffes hat sich die gleichzeitige Kehlkopf- bzw. Luftröhrenauskultation bewährt (Abb. 7). Hierdurch werden störende Nebengeräusche ausgeschaltet, und es lassen sich selbst leichte Schmerzreaktionen wahrnehmen. Andere Untersuchungsmethoden, wie die Haedsche Zonenprobe, die Kehlkopfpalpation und die Haubenauskultation, haben ebenso wie die Ferroskopie mehr den Charakter von *Hilfsproben* zur Stützung der Diagnose. Die Röntgenuntersuchung ist vorerst nur Kliniken mit entsprechender Einrichtung vorbehalten. Da sie zudem mit nicht unerheblichen Kosten belastet ist, wird sie nur in Sonderfällen angewandt.

Abb. 7: Rückengriff bei gleichzeitiger Luftröhrenauskultation zur Feststellung des stimmhaften Stöhnens bei Reticuloperitonitis traumatica

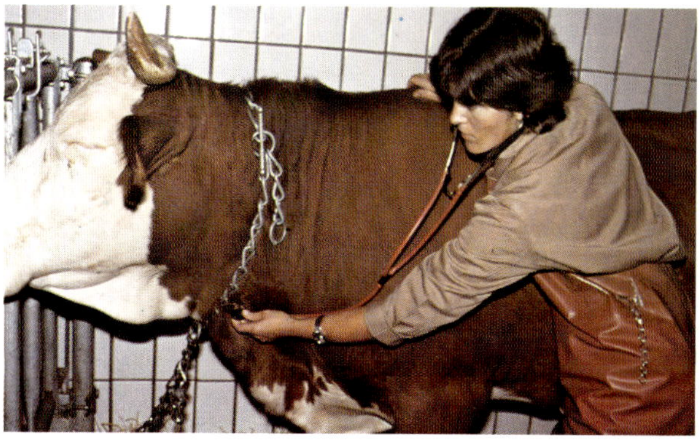

Abb. 8: Perkussion des Abdomens mit schwerem Hammer zur Lokalisation des Schmerzes bei Reticuloperitonitis traumatica oder anderen Erkrankungszuständen im Bauchhöhlenbereich

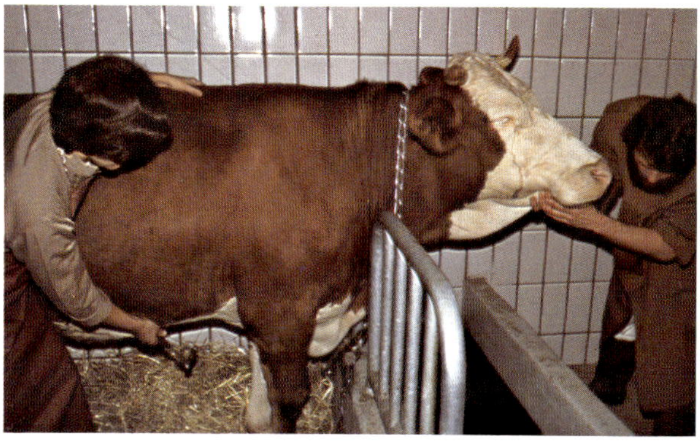

Abb. 9: Stabprobe zur Erkennung des Bauchhöhlenschmerzes bei Reticuloperitonitis traumatica

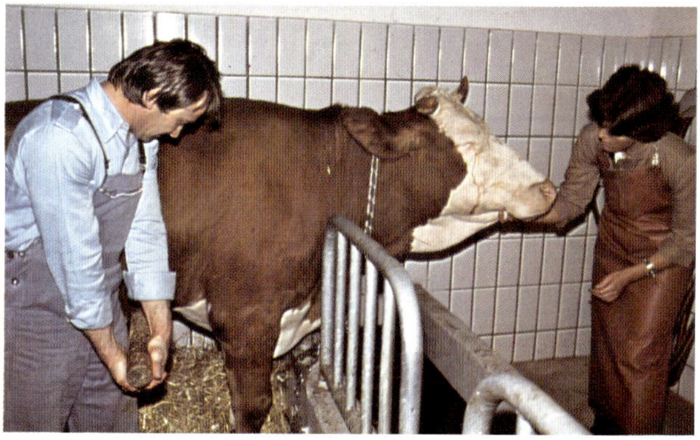

Auf spezielle Methoden zur Diagnose der „Vagusindigestion" wird bei der Besprechung dieser Funktionsstörung eingegangen.
Sofern die klinische Untersuchung bis dahin noch zu keinem klaren Ergebnis geführt hat, sollte sich (auch in der Praxis) stets die *Pansensaftentnahme und -beurteilung* anschließen. In der Klinik wird routinemäßig bei jedem mit In-

appetenz eingelieferten Tier eine Pansensaftprobe entnommen (Abb. 13). Zum Absaugen des flüssigen Panseninhaltes sind heute verschiedene Sonden in Gebrauch (Abb. 10, 11). Zu beachten ist, daß eine Sonde zur Entnahme von Vormagenflüssigkeit eine genügende Länge haben sollte, und zwar von etwa 2,30 m, damit der Vormageninhalt möglichst aus dem Bereich des ventralen Pansensackes entnommen werden kann (Abb. 12). Dies erfordert außerdem, daß der Sondenkopf hinreichend flexibel ist, damit er in den „Pansensee" eintaucht.

Für die klinische *Beurteilung des Pansensaftes* stehen genügend Kriterien zur Verfügung, die es erlauben, schon am Tier zu einer Aussage über die Beschaffenheit des Vormageninhaltes zu kommen. Jeder, der diese Untersuchung einige Male durchgeführt hat, gewinnt sehr schnell praktische Erfahrung und kann bereits makroskopisch abschätzen, ob Abweichungen vom Normalbefund vorliegen. Zu Anfang werden Farbe, Geruch und Viskosität sowie Sedimentation und Flotation beurteilt (Abb. 14, 15). Die Farbe variiert je nach Fütterung von braun bis grün, der Geruch soll aromatisch sein, die Viskosität etwa der einer dünnen Mehlsuppe entsprechen, und die Trennung von sedimentierenden und zur Oberfläche aufsteigenden Partikeln soll innerhalb von 4 bis 8 Minuten abgeschlossen sein. Zur Messung des pH-Wertes dienen in der Praxis Spezialindikatorpapiere, die pH-Stufen von nicht mehr als 0,2 bis 0,3

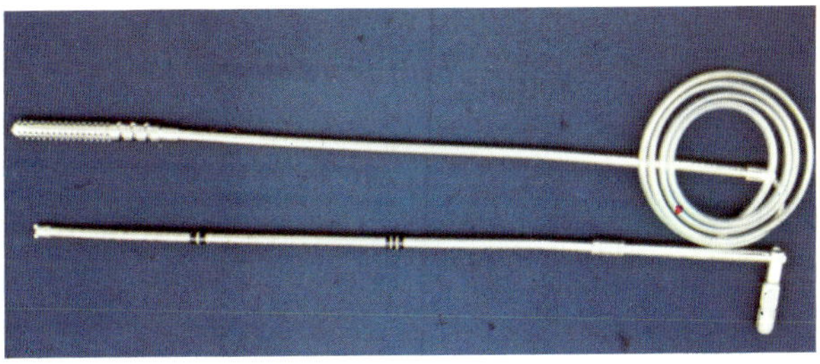

Abb 10: Lenkbare Sonde zur Entnahme von Pansensaft beim erwachsenen Rind (Modell DIRKSEN)

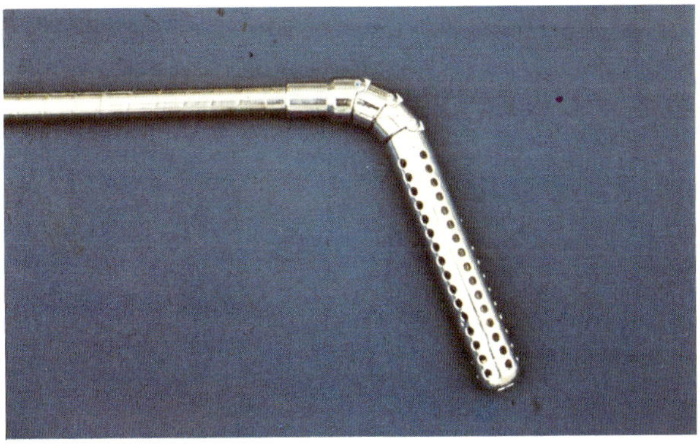

Abb. 11: Kopf der lenkbaren Pansensonde in abgebeugter Stellung

Abb. 12: Kopf der Pansensonde über den kranialen Hauptpfeiler hinweg in den ventralen Pansensack eingeführt (schematische Darstellung)

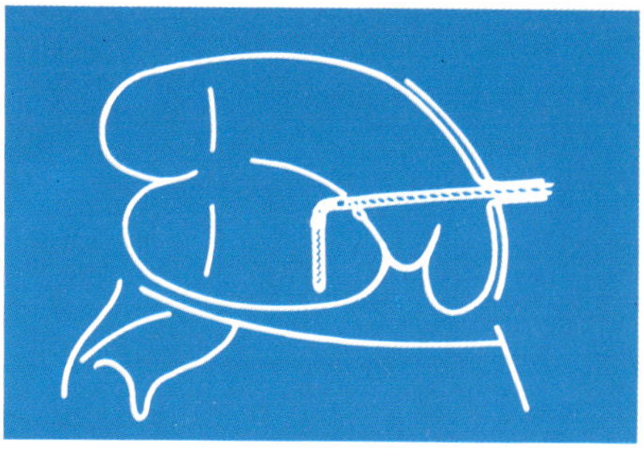

anzeigen (Abb. 16). Liegt der pH-Wert im Grenzbereich der Farbskala, so ist eine zweite Messung mit einem Indikatorpapier für den nächsthöheren oder -tieferen Bereich durchzuführen, um zu einem möglichst genauen Ergebnis zu kommen. Beim ruminierenden Rind wird ein pH-Bereich von 5,5 bis 7,0 als physiologisch angesehen.

Bei der *Interpretation des gemessenen pH-Wertes* ist verschiedenes zu berücksichtigen: Zum ersten ist zu bedenken, daß der pH im Vormageninhalt sowohl vom Zeitpunkt der letzten Fütterung als auch von der Zusammensetzung der verabreichten Ration abhängig ist. Bei Intervallfütterung wird 2 bis 3 Stunden nach der Futteraufnahme der tiefste pH-Wert gemessen. Der pH-Abfall ist bei einer kraftfutterreichen Ration stärker als bei einer Ration mit einem hohen Rauhfutteranteil. Je nach Art und Menge des Futters steigt der pH nach der letzten Futteraufnahme innerhalb von 12 Stunden wieder bis in den Bereich von 6,5 bis 7 und eventuell noch darüber. Wird bei einem Tier, das 24 Stunden nicht mehr gefressen hat, z. B. ein pH-Wert von 6,0 gemessen, kann dieser Wert, obgleich er in dem oben genannten Normalbereich liegt, nicht als physiologisch angesprochen werden. Vielmehr ist anzunehmen, daß der pH-Wert ursprünglich weit stärker erniedrigt war und sich im pathologischen Bereich befand.

Weiterhin ist in Rechnung zu stellen, daß bei der Pansensaftentnahme mittels einer Magensonde gewöhnlich eine mehr oder weniger große Menge Speichel zufließt und dadurch der pH in der entnommenen Probe regelmäßig um durchschnittlich 0,2 Einheiten angehoben wird. Im ungünstigsten Fall kann jedoch die Speichelbeimengung so groß sein, daß der pH um 1,0 über dem wirklichen Wert im Pansen liegt. Wenn der Panseninhalt erst nach längerem Saugen und/oder mit mehrmaligen Lageänderungen der Sonde zu gewinnen ist oder wenn er schon makroskopisch ein erhebliche Speichelbeimengung erkennen läßt, ist die Pansensaftprobe für die pH-Bestimmung und oft auch für die weiteren klinischen Untersuchungen nicht brauchbar. Es lassen sich dann nur mit Vorsicht Schlüsse auf die Beschaffenheit des Vormageninhaltes daraus ziehen.

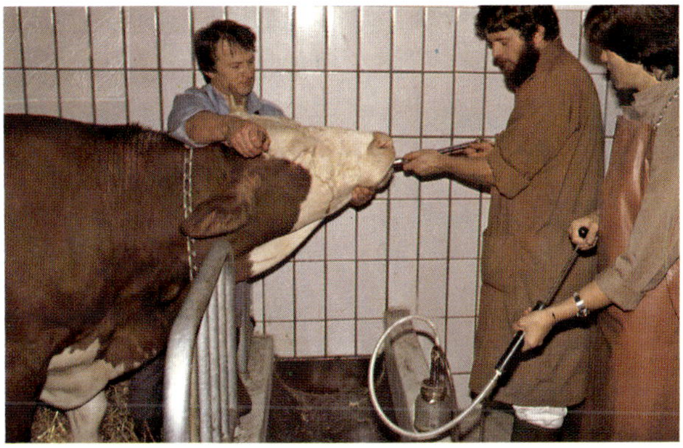

Abb. 13: Pansensonde am Tier eingeführt und Abpumpen des Magensaftes

Abb. 14: Normaler Pansensaft bei Stallfütterung – der graue Bodensatz besteht aus sedimentierten Infusorien

Abb. 15: Normaler Pansensaft bei Grünfütterung

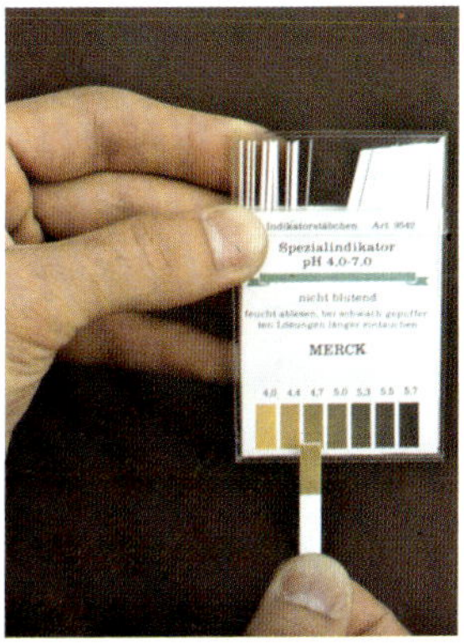

Abb. 16: Messung des pH-Wertes im frisch entnommenen Pansensaft

Im Rahmen der unmittelbar am Tier durchführbaren Untersuchungen ist weiterhin die indirekte *Bestimmung des Redoxpotentials* mit Hilfe von Methylenblau zu nennen. Nachdem diese Probe 1969 zunächst mit aller Zurückhaltung in die Pansensaftdiagnostik eingeführt wurde, hat sie sich in den vergangenen 10 Jahren als eine der verläßlichsten Proben zur groben Schnellinformation über die Aktivität der Pansenflora erwiesen. Zu 1 ml einer 0,03%igen Methylenblaulösung werden 20 ml körperwarmen Pansensaftes gegeben und die Zeitspanne bis zur Entfärbung gemessen (Abb. 17, 18). Zum Farbvergleich dient ein zweites Pansensaftröhrchen ohne Farbstoffzusatz. Bei hochaktiver Digestion tritt die Entfärbung bereits binnen 3 Minuten ein, bei mäßiger Aktivität, z. B. bei reiner Heufütterung, binnen 6 Minuten; eine längere Reduktionszeit läßt auf eine herabgesetzte Aktivität oder auch auf eine Azidose schließen.

Abb. 17: Praxisgerechte Flasche mit 0,03%iger Methylenblaulösung für die Ausführung der Methylenblauprobe

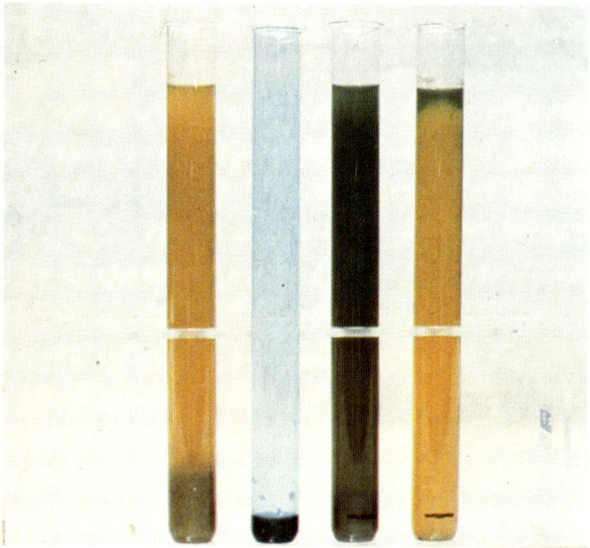

Abb. 18: Methylenblauprobe zur semiquantitativen Ermittlung des Redoxpotentials im Pansensaft: (von links nach rechts) Kontrollröhrchen mit Pansensaft ohne Farbzusatz; Röhrchen mit 1 ml 0,03%iger Methylenblaulösung; mit der Farblösung frisch vermischter Pansensaft (20 ml); abgeschlossene Methylenblaureduktion, wobei in diesem Fall eine Reduktionszeit zwischen 3 und 6 Minuten und ein relativ breiter blauer Ring eine mäßige Aktivität erkennen lassen (Dirksen, 1969)

Auf andere im Labor durchführbare Untersuchungen, wie die Bestimmung der Gesamtazidität, die Nitritreduktion, die Zellulosedigestion, die Glukosevergärung, die Bestimmung der flüchtigen Fettsäuren, der Milchsäure und des Ammoniaks, soll hier nicht näher eingegangen werden.

Viele Tierärzte sind erstaunt darüber, wenn sie hören, daß die *Vormagenprotozoen* nicht selten bereits makroskopisch erkennbar sind. Bei hohem Gehalt des Pansensaftes an vornehmlich großen Protozoen bildet sich auf dem Boden des Probengefäßes ein mehr oder weniger deutlicher grauer Bodensatz, der aus den sedimentierten Infusorien besteht (Abb. 14, 15). Das Fehlen eines solchen Bodensatzes schließt aber nicht aus, daß dennoch ein physiologischer Gehalt an Protozoen vorliegt. Sie lassen sich schon bei schwacher Vergrößerung unter dem Mikroskop erkennen, und zwar werden bei der klinischen Beurteilung große, mittlere und kleine Infusorien unterschieden (Abb. 19). Bei Störungen der Vormagendigestion verschwinden zuerst die großen, dann die mittleren und zuletzt die kleinen.

Die *Vormagenflora* läßt sich, sofern man über ein Mikroskop mit Ölimmer-

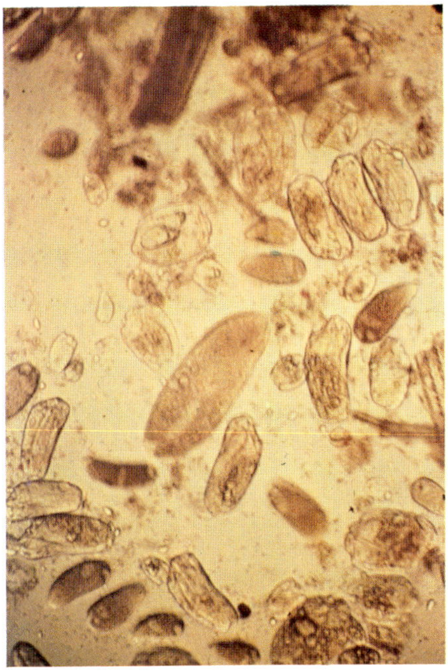

Abb. 19: Panseninfusorien bei 100facher Vergrößerung – es werden große, mittlere und kleine Protozoen unterschieden

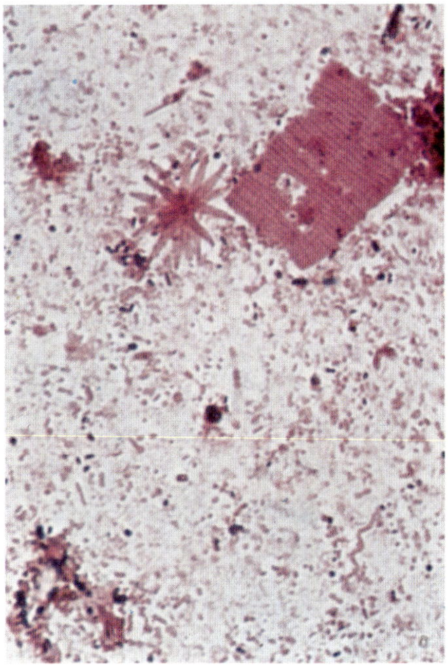

Abb. 20: Nach Gram gefärbter Pansensaftausstrich eines gesunden Tieres bei Heufütterung: in eine gramnegative Mikroflora aus Kokken, Stäbchen und bananenförmigen Selenomonaden sind vereinzelt grampositive Organismen (große Pansenstreptokokken, ovale Formen, kleine Kokken, Kurzstäbchen) eingelagert

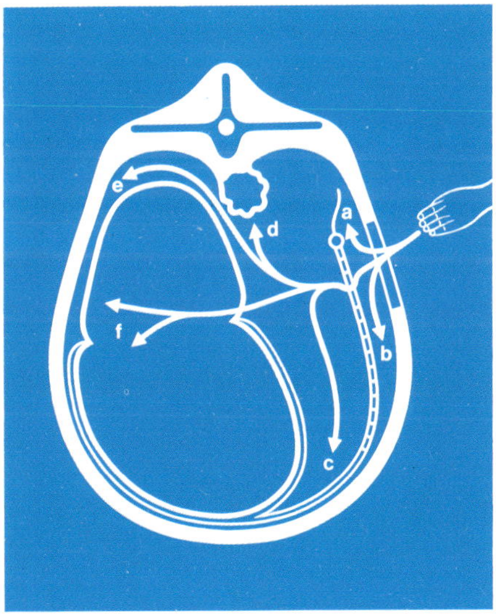

Abb. 21: Schematische Darstellung der diagnostischen Bauchhöhlenexploration nach Laparotomie von der rechten Flanke aus

sion verfügt, auch unter Praxisbedingungen an dem nach Gram gefärbten Ausstrich beurteilen (Abb. 20). Als Kriterien dienen: die Verteilung auf gramnegative und grampositive Bakterien, das Vorhandensein oder Fehlen von charakteristischen „Leitbakterien“ sowie die Formenvielfalt der mikroskopisch erkennbaren Flora. Normalerweise überwiegen die gramnegativen Keime. Was die Zusammensetzung der Flora bei Verdauungsstörungen anbetrifft, so sind wir vor allem über die Veränderungen bei den Azidosen schon heute recht gut informiert. Um Abweichungen im mikroskopischen Bild bei anderen Indigestionen erkennen zu können, bedarf es jedoch einer großen Erfahrung.

Als letzte diagnostische Methode sei noch die *diagnostische Laparoruminotomie* (Abb. 21) erwähnt. In Zweifelsfällen sollte nicht gezögert werden, auch diesen Weg zu beschreiten, zumal sich auf diese Weise nicht nur die Diagnose stellen, sondern auch die Prognose beurteilen läßt und gegebenenfalls eine kausale Therapie damit verbunden werden kann.

Kommen wir zurück zu den eingangs gemachten Ausführungen über die Differenzierung dieses Krankheitskomplexes und über die Einteilung der „Indigestionen“, so läßt sich abschließend feststellen, daß die Diagnostik der Vormagenstörungen in den vergangenen 20 Jahren ganz erhebliche Fortschritte gemacht hat. Es ist zu erwarten, daß sich dieser Prozeß in der Zukunft fortsetzt.

Aktuelle Aspekte der motorischen Insuffizienz von Haube und Pansen

(Insufficientia motorica reticuli et ruminis)

Die Diagnose „Pansenhypotonie" oder „-atonie" war bis zur Mitte dieses Jahrhunderts eine der am häufigsten gestellten Diagnosen in der tierärztlichen Praxis. Dabei wurde die Pansenatonie als eine selbständige Krankheit angesehen und ihre Beseitigung als die entscheidende therapeutische Aufgabe. Inzwischen konnte aufgezeigt werden, daß sich eine Vielzahl von Verdauungsstörungen, von anderweitig lokalisierten Organerkrankungen oder auch von Allgemeinkrankheiten auf die Vormagenbewegungen hemmend auswirken kann. Es erhebt sich somit die Frage, ob es eine primäre / selbständige motorische Vormageninsuffizienz überhaupt gibt oder ob es zumindest Krankheitszustände gibt, bei denen die Hemmung der Vormagenmotorik der ausschlaggebende Befund ist.

Um der Beantwortung dieser Frage näherzukommen, erscheint es zweckmäßig, zunächst die *Physiologie der Hauben-Pansenmotorik und ihre Regulationsmechanismen* kurz zu streifen: Die Vormagenbewegungen sind automatischer Natur und werden durch das vegetative Nervensystem über den Nervus vagus und den Nervus sympathicus mit Hilfe eines komplizierten Schaltsystems reguliert. Das entscheidende Vormagenzentrum liegt in der Medulla oblongata, vermutlich im dorsalen Vaguskern, während Schaltstellen für den Nervus sympathicus im Rückenmark vermutet werden. Außerdem scheint ein übergeordnetes Zentrum im subkortikalen Bereich des Großhirns zu bestehen. Die Zentren empfangen die erregenden Reize auf afferenten Nervenbahnen von den peripheren Rezeptoren im Pharynx und in der Magenwand, von anderen Teilen des zentralen Nervensystems oder über das Blut. Es steht heute außer Zweifel, daß ein *koordiniertes, nerval gesteuertes Zusammenspiel* der Motorik aller drei Vormagenabteilungen besteht (Abb. 22). Haube und Pansen bilden darin eine Einheit. Der Bewegungsablauf beginnt mit der zweiphasigen Haubenkontraktion. Bereits während der zweiten Haubenkontraktion zieht sich der vordere Pansenhauptpfeiler kräftig zusammen und bildet eine hohe Barriere zwischen Pansen und Pansenvorhof. Die Kontraktionswelle wandert dann über den dorsalen Pansensack von kranial nach kaudal, wobei die Ingesta nach hinten und in den gleichzeitig erschlaffenden ventralen Pansensack gedrückt werden. Die nun folgende Zusammenziehung des ventralen Pansensackes läuft in kaudokranialer Richtung und übt damit ihre Presswirkung in kraniodorsaler Richtung zum erschlaffenden dorsalen Pan-

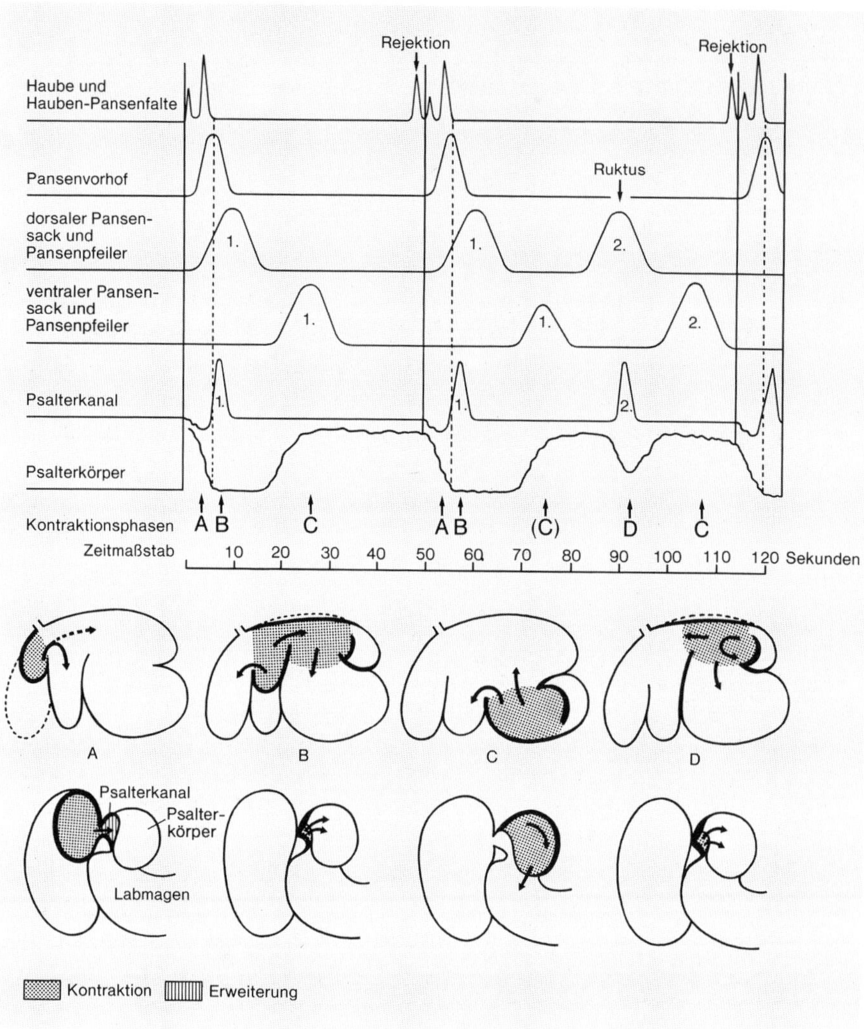

Abb. 22: *Schematische Darstellung der Vormagenmotorik* (nach EHRLEIN, 1979): Bei den Kurven bedeutet ein Ausschlag nach oben Kontraktion, ein Ausschlag unter die Basislinie dagegen Erweiterung (Psalterkanal). In der bildlichen Darstellung sind Kontraktion oder Erweiterung der einzelnen Vormagenabschnitte durch verdickte Konturen und unterschiedliche Grautönung gekennzeichnet. Die Größenverhältnisse der einzelnen Vormagenabteilungen sind nicht maßstabsgerecht, und die Kontraktionen der Pansenendblindsäcke wurden in der Darstellung nicht berücksichtigt. – *Kontraktionsphase A:* Zweiphasige Kontraktion der Haube und der Hauben-Pansenfalte (Aufwärsbewegung), Erweiterung des Psalterkanales. (Haube: Entleerung des Haubeninhaltes über die Hauben-Pansenfalte in den Pansen und Pansenvorhof. Psalter: Nahrungseinstrom von der Haube in den Psalterkanal). – *Kontraktionsphase B:* Kontraktion des Pansenvorhofes, des dorsalen Pansensackes und der Pansenpfeiler sowie des Psalterkanales. (Pansenvorhof: Rückfluß von flüssigem Inhalt über die Hauben-Pansenfalte in die erschlaffende Haube; (Fortsetzung Seite 25)

sensack hin aus. Dieser primären Pansenkontraktion folgt nach kurzer Pause gewöhnlich, aber nicht immer, eine zweite „sekundäre" Zusammenziehung des dorsalen und ventralen Pansensackes, womit in der Regel das Ausstoßen der Pansengase verbunden ist. Damit endet der reguläre Hauben-Pansenzyklus. Unter besonderen Bedingungen, z.B. bei hohem Gasdruck, kann sich der dorsale Pansensack zur Ruktation aber auch allein von kaudal nach kranial kontrahieren. Außerdem sind vor der Rejektion des Wiederkaubissens Einzelkontraktionen der Haube feststellbar.

Während früher angenommen wurde, die Vormagenbewegungen hätten allein den Zweck, eine gründliche Durchmischung des aufgenommenen Futters mit der Flüssigkeit zu bewirken, sieht man heute die Hauptaufgabe der Vormagenmotorik darin, eine Sortierung des Inhaltes herbeizuführen. Dabei werden die gebildeten Abbauprodukte aus der Faserschicht herausgeschwemmt und die niederen Fettsäuren mit Hilfe der Speichelkarbonate neutralisiert. Netzmagen und Pansen obliegt es, den psalterfähigen Vormageninhalt abzutrennen und dessen Abtransport in den Psalter zu unterstützen.

Der ungestörte Ablauf der Vormagenbewegungen ist an die folgenden *Voraussetzungen* gebunden: 1) ein ungestörtes Allgemeinbefinden, insbesondere ein funktionierendes Nervensystem, 2) physiologische Blutzusammensetzung, 3) physiologische Bedingungen im Panseninhalt, d.h. Fehlen von hemmenden Einflüssen. Was den Panseninhalt anbetrifft, so spielen für die Vormagenbewegungen die folgenden Faktoren eine Rolle: der Füllungszustand, der Wassergehalt, die physikalische Beschaffenheit (d.h. die Struktur) und die chemische Beschaffenheit (d.h. Menge und Zusammensetzung der organischen Säuren). Störungen der Vormagenmotorik treten dann ein, wenn diese physiologischen Voraussetzungen nicht erfüllt sind. Nachfolgend werden einige praktisch interessante Formen der motorischen Vormageninsuffizienz besprochen, bei denen die Störung der Motorik im Vordergrund steht.

---

langsamer Weitertransport der spezifisch leichteren, groben Nahrungspartikel über den kranialen Pansenpfeiler in den dorsalen Pansensack. Dorsaler Pansensack: Auspressen des festen Inhaltes und Durchmischen [auskultierbares Geräusch]. Psalter: Weitertransport der Ingesta vom Psalterkanal in den Psalterkörper). – *Kontraktionsphase C:* Kontraktion des ventralen Pansensackes und der Pansenpfeiler (Aufwärtsbewegung) bei gleichzeitiger Erschlaffung des dorsalen Pansensackes; Kontraktion des Psalterkörpers. (Ventraler Pansensack: Rückfluß des flüssigen, ventral befindlichen Panseninhaltes in den dorsalen Pansensack und Pansenvorhof, dabei Durchspülung des Fasergeflechtes [auskultierbares Geräusch]. Psalterkörper: Auspressen des Inhaltes und langsamer Weitertransport in den Labmagen). – *Kontraktionsphase D:* Kontraktion des dorsalen Pansensackes, der Pansenpfeiler und des Psalterkanales. (Dorsaler Pansensack: Entweichen der dorsalen Gasblase zur Kardia *[Ruktus]*; Psalter: Nochmalige Entleerung des Psalterkanales). – Die Rejektion des *Wiederkaubissens* setzt unmittelbar vor Beginn des skizzierten Vormagenzyklus, und zwar in Verbindung mit einer zusätzlichen Kontraktion der Haube ein.

1. Pansenhypotonie in Verbindung mit der Kalbung: MOODIE und ROBERTSON haben 1962 sowohl mittels ruminographischer Untersuchungen als auch auf auskultatorischem Wege nachgewiesen, daß die Pansentätigkeit am Tage der Kalbung – und zum Teil auch an den folgenden Tagen – eingeschränkt wird.
Mit Hilfe einer Tracer-Methode konnte PAYNE (1967) beobachten, daß unmittelbar vor der Kalbung eine Beschleunigung der Nahrungspassage eintritt, auf die eine bis zu 18 Stunden anhaltende Phase der Inaktivität des Magen-Darmkanals folgt. Dagegen fanden SOMMER und Mitarbeiter (1973) mit einer abweichenden und daher nicht vergleichbaren Methodik einen stetigen Abfall der Pansenmotorik ab der 8. Woche ante partum bis zur Kalbung; die Rückkehr zur Ausgangsfrequenz zog sich über 5 Wochen post partum hin.
In eigenen Untersuchungen (DIRKSEN und KAUFMANN, 1978) wurde der Frage der Pansenmotorik im Zeitraum um die Geburt an 5 mit permanenten Pansenfisteln versehenen Milchkühen bei 8 Kalbungen nachgegangen. Mit Hilfe eines mit Wasser gefüllten Gummiballons, der in den dorsalen Pansensack eingebracht wurde und über die Pansenfistel mit einem Manometer in Verbindung stand, wurden sowohl die Pansenkontraktionen als auch der Panseninnendruck gemessen. Die Messungen begannen in der Mehrzahl zwischen 40 und 21 Tagen ante partum und dauerten bis zum 7. bzw. 8. Tag post partum. Gleichzeitig wurde auch die Futteraufnahme registriert. Die Ration bestand aus 6 bis 7 kg Heu und einem Konzentratfutter ad libitum.
Die *Ergebnisse* lassen sich folgendermaßen zusammenfassen: Die Zahl der Pansenkontraktionen pro Zeiteinheit bleibt bis zum letzten Tag vor der Kalbung im physiologischen Bereich. Erst in den letzten Stunden ante partum nimmt die Frequenz der Pansenbewegungen deutlich ab, ohne daß es jedoch zu einem vollständigen Stillstand kommt. Das zu unterschiedlichen Zeiten ante und post partum gemessene Minimum schwankte zwischen 34 % und 77 % des präpartalen Durchschnittswertes. Nach der Kalbung wurde in 6 von 8 Messungen am ersten Tag post partum bereits wieder der Ausgangswert erreicht, bei 2 Tieren dauerte die Normalisierung jedoch 3 bis 4 Tage.
Der Panseninnendruck nahm bei der Mehrzahl der Tiere bereits in den letzten 2 Wochen ante partum mäßig ab. Bei der Kalbung trat koinzidierend mit der Reduktion der Pansenmotorik gewöhnlich ein steiler Druckabfall ein. Das jeweils gemessene Minimum schwankte zwischen 34 % und 80 % des Durchschnittswertes ante partum. Der Wiederanstieg zum Ausgangsniveau vollzog sich innerhalb von 1 bis 9 Tagen, d. h. schneller als der Abfall, jedoch langsamer als die Normalisierung der Kontraktionszahl. Ein Beispiel für den Verlauf der Pansenkontraktionen und des Panseninnendruckes gibt die Abbildung 23.

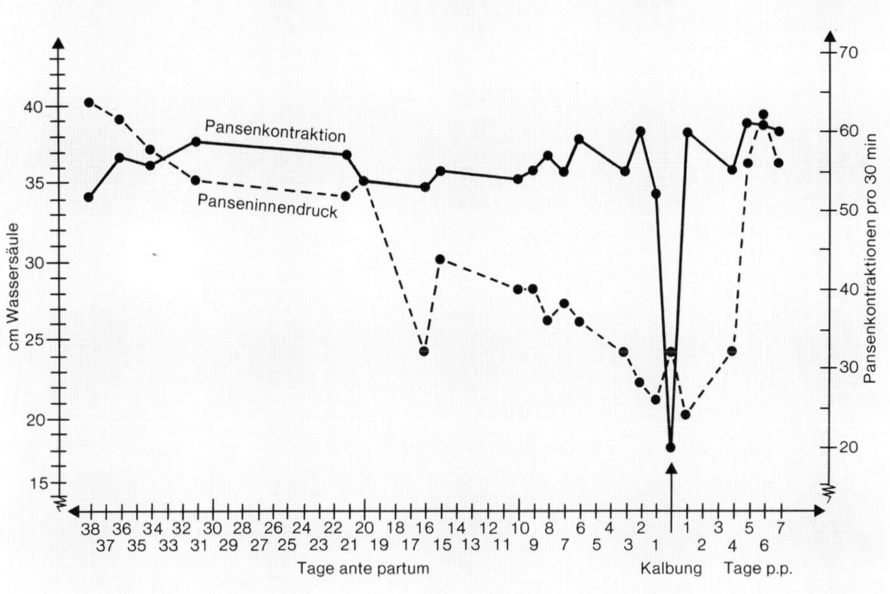

Abb. 23: Verlauf der Kontraktionsfrequenz pro 30 min und des Panseninnendruckes (Kontraktionsmaxima in cm Wassersäule) im Zeitraum um die Kalbung bei einer Versuchskuh mit Pansenfistel (Dirksen und Kaufmann, 1978)

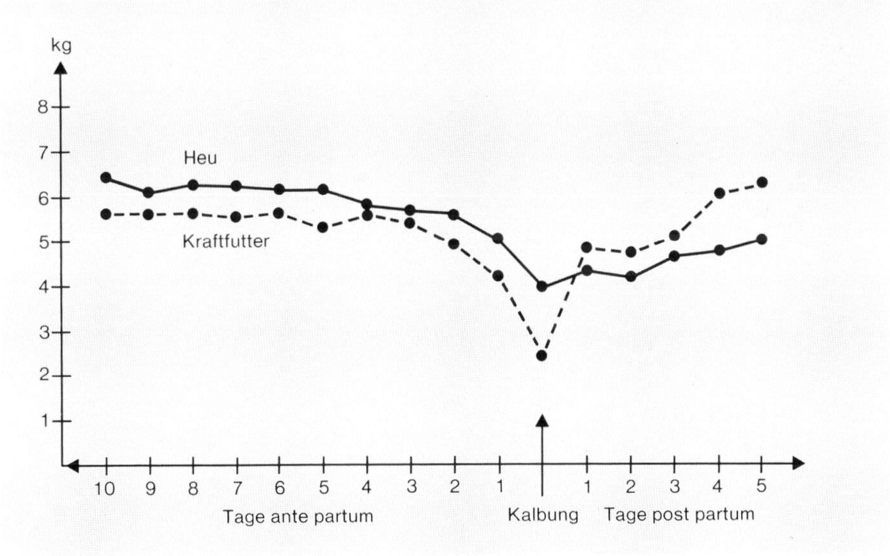

Abb. 24: Verlauf der durchschnittlichen Heu- und Kraftfutteraufnahme im Zeitraum um die Kalbung bei fünf Versuchskühen (Dirksen und Kaufmann, 1978)

Die Futteraufnahme, und zwar sowohl der Verzehr von Heu als auch die Aufnahme von Kraftfutter, ging etwa ab dem 4. Tag ante partum zurück und erreichte am Kalbetag ihr Minimum (Abb. 24). Nach der Kalbung nahm der Kraftfutterverzehr schnell wieder zu und erreichte bereits am 4. Tag post partum ein Niveau über dem Ausgangswert. Dagegen blieb die verzehrte Heumenge noch am 5. Tag post partum unter den präpartalen Werten. Der Gesamtfutterverzehr betrug am Tage der Kalbung 53,1% der ante partum aufgenommenen Menge.
Mit diesen Untersuchungen konnten die Ergebnisse von MOODIE und ROBERTSON in Bezug auf Pansenmotilität und Futteraufnahme bestätigt werden. Eine neue Beobachtung ist die Feststellung des Druckabfalles im Pansen im Zeitraum um den Partus.
Die Ursache der Hypomotilität des Magen-Darmkanals bei der Kalbung ist bislang noch weitgehend unklar. Es ist zu vermuten, daß sie mit der hormonalen Umstellung des Organismus auf den Partus und die folgende Laktation zusammenhängt. Bekanntlich wird dieser Magen-Darmatonie heute eine erhebliche Bedeutung für die Entstehung der Hypokalzämischen Gebärlähmung beigemessen. Sie vermag weiterhin, die bei hochtragenden Tieren nicht selten zu beobachtenden Indigestionen in den letzten Tagen vor dem Partus zu erklären. Ferner ist sie auch bei der Pathogenese der Azetonurie und der Dislocatio abomasi sinistra als möglicher pathogenetischer Faktor zu berücksichtigen.

2. Beeinflussung der Pansenmotilität durch Xylazin (= Rompun-BAYER): Ein weiteres Beispiel für eine vermutlich auf Hemmung medullärer Zentren zurückzuführende Beeinträchtigung der Pansenmotilität geben die Untersuchungsergebnisse von WITTKE und Mitarbeitern (1973) über den Einfluß von Xylazin. Xylazin ist deshalb interessant, weil es heute in der Rinderpraxis weitverbreitete Anwendung findet. Wer mit diesem Präparat arbeitet, wird sicherlich schon einmal das Auftreten einer Pansentympanie nach der Applikation von *Rompun* beobachtet haben. Zum Glück ist diese Folge jedoch relativ selten. WITTKE und Mitarbeiter stellten nämlich fest, daß durch Xylazin vor allem die Primärzyklen von Haube und Pansen unterdrückt werden. Die Sekundärkontraktionen, die für den Ruktus verantwortlich sind, werden erst ab einer Dosis von 0,1 mg pro kg Körpergewicht nennenswert gehemmt. Die Dauer der Motilitätshemmung ist dosisabhängig und kann 3 bis 4 Stunden betragen.

3. Strukturmangel: Unter den auf Veränderungen des Panseninhaltes beruhenden motorischen Indigestionen sind an erster Stelle Störungen infolge unzureichender Futterstruktur zu nennen. Es ist seit langer Zeit bekannt, daß zur

Aufrechterhaltung von geordneten Pansenbewegungen nicht nur ein ausreichender Füllungszustand der Vormägen, sondern auch eine ausreichende physikalische Struktur, d. h. eine gewisse Rauhfaserigkeit des Inhaltes vorhanden sein muß, um die in der Pansenwand, insbesondere im Bereich der Kardia, entlang der Schlundrinne und um die Hauben-Psalteröffnung lokalisierten Rezeptoren zu stimulieren.

In jüngster Vergangenheit zeigte sich dieses Problem, als Versuche unternommen wurden, die Verdaulichkeit von Heu im Pansen durch weitgehendes Zerkleinern oder sogar durch Zermahlen zu verbessern. Aufgrund der nachteiligen Folgen für die Vormagenmotorik ist das Verfahren jedoch schnell wieder aufgegeben worden. Das Strukturproblem besteht aber nach wie vor bei der künstlichen Trocknung des Grünfutters, das dabei zerkleinert und zu Briketts, Cobs oder Pellets gepreßt wird; auch der Mais wird bei der Silagebereitung zur Verbesserung der Fermentation in sehr kleine Stücke zerschlagen. In den Fällen, in denen Weiderinder nach der Aufnahme von sehr jungem Frühjahrsgras an einer Verfilzung und Zusammenballung des Vormageninhaltes erkranken, scheint ebenfalls die mangelnde physikalische Struktur der Pflanzen eine Rolle zu spielen.

Nach der Verabreichung von schwerverdaulichem strukturarmem Futter sind die folgenden Symptome beobachtet worden: Verminderung der Pansenbewegungen, des Wiederkauens und des Ruktus, Rückgang der Futteraufnahme und zugleich Tendenz, erreichbares Holz zu benagen und zu verzehren; verhältnismäßig häufiges Auftreten von Tympanie (Abb. 25). Mitunter entwickelt sich eine Psalterverstopfung, die hierzulande schon seit alters her als „Kurzfutterkrankheit" bezeichnet wird. Bei den Weidetieren war Senkung des Milchfettgehaltes, Durchfall, vorübergehende Inappetenz und bei der Ruminotomie die Verfilzung des faserigen Futters festzustellen. Es sei schon an dieser Stelle erwähnt, daß die Futterstruktur außer für die Vormagenmotorik vor allem für die Regulation des pH-Wertes im Vormagensystem von Bedeutung ist.

Abb. 25: Jungrind mit rezidivierender Tympanie

4. Austrocknung des Vormageninhaltes infolge von Wassermangel: Eine andere Vormagenstörung, über deren Zuordnung man allerdings im Zweifel sein kann, ist die Austrocknung des Vormageninhaltes infolge Wassermangels. Derartige Indigestionen sind vor allem in warmen Ländern zu beobachten, insbesondere, wenn die Tiere in Dürrezeiten bei geringem Tränkeangebot zugleich ein stark verholztes, schwer verdauliches Rauhfutter erhalten. In gemäßigten Klimaten spielen technische Störungen an der Selbsttränke eine Rolle oder das fehlende Wasserangebot bei der Frühentwöhnung der Jungtiere. In solchen Fällen sind Vormagenmotorik und Wiederkauen stark beeinträchtigt, die Hungergrube ist eingesunken, und der Panseninhalt läßt sich von außen oder vom Rektum aus als ein harter, zusammengeballter Klumpen im ventralen Pansensack palpieren. Koprostase, seltener Diarrhoe, verminderte Milchleistung, Aborte und entzündliche Veränderungen der Pansenschleimhaut sind weitere Befunde bei diesen Indigestionen.

5. Mangel an niederen Fettsäuren im Panseninhalt: Bei den motorischen Störungen, die auf das Fehlen der chemischen Stimuli für die Pansenbewegungen zurückzuführen sind, muß man sich ebenfalls fragen, ob diese Indigestionen tatsächlich den Charakter einer primär motorischen Störung haben. An mit Milch ernährten Kälbern und Lämmern konnte aufgezeigt werden, daß für die Entwicklung der Vormagenmotorik nicht nur die Menge der aufgenommenen Trockenmasse, sondern auch die Konzentration der flüchtigen Fettsäuren im Panseninhalt von Einfluß ist. Dieser positive Einfluß ließ sich auch an erwachsenen Tieren, und zwar sowohl an gesunden als auch an erkrankten Rindern bestätigen.

6. Hemmende Substanzen im Futter: Schließlich sind in diesem Kreis der motorischen Vormagenstörungen noch Substanzen zu nennen, die möglicherweise als Futterinhaltsstoffe hemmend auf die Motorik einwirken können. Bekannt ist die paralysierende Wirkung von Atropin-haltigen Pflanzen. In solchen Fällen wird aber meistens zugleich eine resorptive Intoxikation vorliegen, so daß die Voraussetzungen für eine selbständige motorische Störung sicherlich nur selten gegeben sind. Von CLARK wird weiterhin den aktiven Substanzen von Lippia rhemanni, Lantana camala und Tribulus terestris eine ruminoparalytische Wirkung zugesprochen; einen ähnlichen Effekt sollen auch Saponine und Blausäure haben. Hinsichtlich Histamin, das sowohl in Pansen und Blut freigesetzt werden als auch in Silagen in bemerkenswerter Menge enthalten sein kann, besteht noch keine Klarheit, jedoch scheint erwiesen zu sein, daß eine hohe Ammoniak-Konzentration im Pansensaft die Hauben-Pansenbewegungen reduziert. Möglicherweise werden sich im Laufe der Zeit noch weitere Substanzen mit Hemmeffekt auf die Motorik nachweisen lassen. Die eigenen praktischen Erfahrungen sprechen jedoch dafür, daß derartige Toxinwirkungen unter den in unserem Land vorliegenden Bedingungen eine untergeordnete Rolle spielen.

7. Sonstige Ursachen: Es sei hier nur am Rande vermerkt, daß außer den genannten Faktoren noch eine Reihe von weiteren Einflüssen Anlaß für eine Verminderung der Vormagenmotilität sein können. Bei strenger Auslegung der Definition für primäre Vormagenkrankheiten wird die Motilitätshemmung in den meisten Fällen jedoch als sekundäre Störung einzuordnen sein. Dies gilt z.B. für die reflektorische Hemmung der Vormagenbewegungen, die mitunter nach der Enukleation des Gelbkörpers oder nach intraabdominalen Injektionen zu beobachten ist. Auch bei der Magen-Darmversandung erhebt sich die Frage, ob die motorische Störung Ursache oder Folge ist.

Therapie: Vor geraumer Zeit hat DIERNHOFER (Wien) darauf hingewiesen, daß der Pansenstillstand im Grunde als eine Schutzeinrichtung des Organismus anzusehen sei: Einerseits werde dadurch verhindert, daß toxische Substanzen zu schnell und in zu großer Menge in den Darm gelangen, wo sie leichter resorbiert werden und zu schwerwiegenderen Auswirkungen führen als im Pansen. Zum anderen verhindere der Pansenstillstand, daß sich im Falle einer Reticuloperitonitis traumatica oder einer Ruminitis der Entzündungsprozeß weiter ausbreite. Dieser Meinung kann im Lichte der neueren Erkenntnisse über das Wesen und die Vielfalt der Indigestionen nur noch teilweise beigepflichtet werden, und zwar nur im Hinblick auf die beiden zuvor genannten Krankheitskomplexe. Uneingeschränkt gültig sind jedoch die therapeutischen Schlußfolgerungen, die aus diesen Überlegungen gezogen wurden, nämlich, daß es, abgesehen von wenigen Ausnahmen, nicht sinnvoll ist, Haube und Pansen mittels stark wirkender Ruminatorien, sozusagen „mit Gewalt" zur Kontraktion zu zwingen. Die Erfahrungen der vergangenen zwei Jahrzehnte haben immer deutlicher gezeigt, daß die früher benutzten drastisch wirkenden Motorika, wie die verschiedenen Parasympathikomimetika, Strychnin, Brechweinstein (Tart. stib.), Veratrin u.a.m. heute weitgehend als entbehrlich angesehen werden können. Das Ziel der Behandlung muß vielmehr sein, in physikalischer und biochemischer Hinsicht den physiologischen Zustand im Vormageninhalt wiederherzustellen und Hemmfaktoren – sofern sie bekannt sind – zu beseitigen.

Im Falle von *Strukturmangel* ist ein ausreichend strukturiertes Futter anzubieten. Leider fehlen noch genaue Daten, welche Minimalanforderungen an die Rauhigkeit, Härte, Größe und Elastizität des Futters zu stellen sind, um die physiologische Motorik aufrecht zu erhalten. Nach einer 1970 erschienenen Mitteilung von RUKKEBUSCH genügen für ein erwachsenes Rind 1500 g Heu pro Tag, um den normalen Ablauf der Vormagenmechanik zu sichern. Bei Kühen sollten nach den praktischen Erfahrungen besser 2 kg Heu als Minimum erachtet werden. Bei intensiver Verfilzung des Vormageninhaltes von Weidetieren ist notfalls eine Ruminotomie vorzunehmen und der Pansen manuell zu entleeren.

Bei *Wassermangel* sind größere Mengen von Flüssigkeit in den Pansen zu applizieren. Am besten wird diese Flüssigkeit in Form eines sehr dünnen Leinsamenschleimes per Schlundsonde in den Pansen gegeben. Zur Beeinflussung der Azidität können Essig-, Milch- oder Propionsäure in sehr geringer Konzentration verabreicht werden oder deren Salze. Die beste Therapie zur *Wiederherstellung der mikrobiell-biochemischen Hauben-Pansendigestion* ist jedoch die Übertragung von 3 bis 5 l Vormagenflüssigkeit gesunder Rinder. Diese Pansensaftübertragung wird zweckmäßigerweise mit der gleichzeitigen Verabreichung einer Mischung aus Natrium- oder Kalziumpropionat (50–100 g), pflanzlichen Stomachika wie Radix Gentianae (10–20 g) oder Herba Absinthii (30–50 g), Antipyretika (z.B. Azetanilid 20 g) und Mineralien kombiniert. Es stehen auch entsprechend zusammengesetzte Fertigpräparate zur Verfügung, so zum Beispiel „Bykodigest“-Byk. Pansensaft und Medikament werden mit Vorteil mit mehreren Litern lauwarmen Wassers oder dünnen Leinsamenschleimes verdünnt, um eine bessere Verteilung im Pansen zu erreichen.

Es ist eigentlich selbstverständlich, daß jede Indigestionstherapie mit einer entsprechenden Diätregelung verbunden werden muß. Dem Tier sollte eine gemischte Ration aus schmackhaften, leichtverdaulichen Futtermitteln, unter Berücksichtigung des Rohfaserminimums (siehe Kapitel 4) angeboten werden. Appetitanregend wirken oftmals Melasse (200/300 g), Getreideschrote (1–2 kg), oder auch kleine (!) Mengen Zucker- oder Futterrüben.

Da die Hemmung der Vormagenmotorik mitunter von einer Stase des Darminhaltes in den hinteren Darmabschnitten begleitet wird oder davon ausgeht, ist es empfehlenswert, bei trockener Beschaffenheit des Mastdarminhaltes zugleich *Abführmittel* in Form von Mittelsalzen, z.B. Natrium- oder Magnesiumsulfat (300 bis 500 g) oder Gemische von beiden Salzen zu applizieren. Diese Abführmittel werden möglichst als „drench“ gegeben, damit der Schlundrinnenreflex stimuliert wird und dadurch die Lösung direkt in den Labmagen und Darm gelangt.

Die *Prophylaxe* besteht in der Vermeidung der auslösenden Ursachen, soweit diese bekannt sind. Durch welche Maßnahmen sich die mit der Kalbung verbundene Vormagenhypotonie wirksam verhindern läßt, bedarf noch weiterer Klärung. Nach derzeitiger Kenntnis ist die Verabreichung einer gemischten Ration mit hohem Rauhfutteranteil zu empfehlen sowie die Stabilisierung des Elektrolytblutspiegels in den Tagen um den Partus.

Störungen der Vormagen- und Labmagenfunktion durch Lähmung von Bauchästen des Nervus vagus

(Paralysis nervi vagi – partis abdominalis ventralis)

Lagerlöff und Hoflund äußerten 1936 die Vermutung, daß bestimmte Motilitätsstörungen der Wiederkäuermägen, die früher symptomatisch als Pansendilatation, rezidivierende Tympanie, Labmagenverstopfung und ähnlich bezeichnet worden waren, ihre Ursache in einer Verletzung von Zweigen des Nervus vagus haben könnten. Hoflund konnte später die Pathogenese dieser Funktionsstörungen durch exakte experimentelle Untersuchungen klären und beweisen, und seitdem wird dieser Krankheitskomplex auch als „Hoflundsches Syndrom“ bezeichnet.

Wie aus den Arbeiten von Mangold und Klein aus dem Jahre 1927 hervorgeht, führt der Nervus vagus beim Rind vor allem parasympathische, aber auch sensible, motorische und sympathische Fasern. Auf dem Wege vom verlängerten Mark zur Kardia versorgen die beiden Vagi bekanntlich Kehlkopf, Schlundkopf, Herz und Lunge. In Höhe der Luftröhrengabelung teilen sich dann linker und rechter Brustvagus in je einen dorsalen und einen ventralen Ast, worauf sich die dorsalen und ventralen Äste beider Seiten zum dorsalen und ventralen Stamm vereinigen und der Speiseröhre durch das Zwerchfell folgen.

Am Bauchvagus sind dementsprechend ein dorsaler und ein ventraler Stamm voneinander zu unterscheiden (Abb. 26). Der dorsale Stamm versorgt in erster Linie den Pansen, weshalb er auch als „Pansennerv“ bezeichnet worden ist. Der ventrale Bauchvagus ist schon bei seinem Durchtritt durch das Zwerchfell in mehrere Zweige für die übrigen drei Mägen aufgeteilt und wird daher auch „Hauben-Psalter-Labmagen-Nerv“ genannt.

Abb. 26: Schematische Darstellung von Verlauf und Aufteilung des Bauchteiles des N. vagus im Bereich der Vormägen und des Labmagens:
a = Haubenspalteröffnung; b = Pylorus

Eine Reizung der Bauchvagi oder ihrer Zweige ruft Kontraktionen im Bereich der jeweils innervierten Magenabteilung hervor. Eine Unterbrechung der Nervenleitung bedingt motorische Insuffizienzen verschiedener Art, je nachdem welche Vagusanteile betroffen sind.
Der ventrale Bauchvagusstamm zweigt sich, nachdem er den Hiatus oesophagicus verlassen hat, im Bereich zwischen Haube, Psalter, Labmagen, Leber und Zwerchfell auf, das heißt, in einem Gebiet, das beim Rind sehr oft Sitz von Entzündungen ist. Man könnte sagen, hier ist der „Wetterwinkel der Bauchhöhle". Aus diesem Grunde kommen Verletzungen des ventralen Bauchvagusstammes viel häufiger vor als Läsionen des dorsalen Astes, des Pansennervens. Die Lähmungen des dorsalen Bauchvagus' werden im Rahmen dieser Abhandlung daher vernachlässigt und hauptsächlich die Verletzungen des ventralen Bauchvagusstammes besprochen. Die Übersicht 4 zeigt, welche Ursachen bei 72 eigenen Fällen von Lähmungen des ventralen Bauchvagus' gefunden wurden.

Übersicht 4: Ätiologie von 72 Fällen von Vaguslähmungen (Paralysis nervi vagi – partis abdominalis ventralis)

Reticuloperitonitis traum. circumscr.	31
Ret. perit. traum. circ. cum abscesso	21
Eventratio diaphragmatica reticuli (Hernia diaphragm.)	9
Hepatitis apostematosa	4
Lymphadenitis leucotica (Lnn. mediastinales)	3
Abscessus retrooesophagealis	1
Causa incerta	3

Je nachdem, welche Anteile des ventralen Bauchvagusstammes unterbrochen sind, tritt eine Behinderung der Futterpassage zwischen Netz- und Blättermagen oder am Pylorus ein. Da aber keine anatomische, sondern eine funktionelle Passagebehinderung vorliegt, hat HOFLUND die Motilitätsstörungen als „funktionelle Stenosen" bezeichnet. Die Hauben-Psalter-Stenose bezeichnete er als vordere, die Pylorusstenose als hintere funktionelle Stenose.

HOFLUND hat folgende vier Formen von Störungen des ventralen Bauchvagus' unterschieden:

1) *Funktionelle Stenose zwischen Netz- und Blättermagen (= vordere funktionelle Stenose)*
   a) mit Atonie von Haube und Pansen (beide Vagusstämme unterbrochen);
   b) mit erhaltener oder erhöhter Motorik des Pansens und der Haube oder eventuell Atonie des Netzmagens.

2) *Funktionelle Stenose in Höhe des Pylorus (= hintere funktionelle Stenose)*
a) dauerhaft; mit oder ohne Atonie des Netzmagens;
b) periodisch rezidivierend.

Die vordere funktionelle Stenose kommt – einfach ausgedrückt – dadurch zustande, daß eine Psalterlähmung eintritt und demzufolge kein Futter mehr aus dem Netzmagen abgesaugt wird. Die Übersicht 5 zeigt die Häufigkeitsverteilung von vorderen und hinteren funktionellen Stenosen bei 72 ausgewerteten Fällen des eigenen Krankengutes.

Übersicht 5: Verteilung von 72 Fällen von Vaguslähmungen (Paralysis nervi vagi – partis abdom. ventr.)

Vordere funkt. Stenosen (Haube – Psalter)			56
Hintere funkt. Stenosen (Pylorus)			14
	dauerhaft	8	
	temporär	6	
Übergangsformen			2

Klinisch zeigen die funktionellen Stenosen ein verhältnismäßig einheitliches *Krankheitsbild.* Der Vorbericht nennt bei derartigen Patienten meistens eine längere Krankheitsdauer von mehreren Wochen mit fortschreitender Inappetenz, Abmagerung und Austrocknung; seltener handelt es sich um akute Erkrankungen von gut genährten Tieren. Weitere anamnestische Angaben sind: wiederkehrendes Aufblähen, fortschreitende Zunahme des Leibesumfanges, veränderte Kotbeschaffenheit und -menge. Mitunter wird berichtet, daß das Tier bereits vor mehreren Wochen oder Monaten vorübergehend Indigestionserscheinungen gezeigt habe.
Bei der allgemeinen Untersuchung zeigt der Leib des Tieres von hinten betrachtet in der Regel einen kennzeichnenden Umriß (Abb. 27, 28): Die ganze linke Seite einschließlich der Hungergrube ist mehr oder weniger stark aufgetrieben, während der Bauchumfang rechterseits nur im unteren Bereich sichtbar zugenommen hat. Ferner sieht man in ausgeprägten Fällen ein leichtes Einsinken des Rückens, eine Lordose. Das Verhalten ist träge, die Körpertemperatur liegt im allgemeinen im normalen oder subnormalen Bereich.

Die spezielle Untersuchung der einzelnen Organsysteme ergibt bei fortgeschrittener Erkrankung eine trockene, unelastische Haut und glanzloses aufgerauhtes Haar. Die Atemfrequenz kann erhöht, normal oder auch auffällig verringert sein. Weiterhin ist neben zuweilen blassen Schleimhäuten fast

Abb. 27: Kuh mit typischem Umriß der Leibeswand bei vorderer funktioneller Magenstenose (Erweiterung und Überladung von Pansen und Haube)

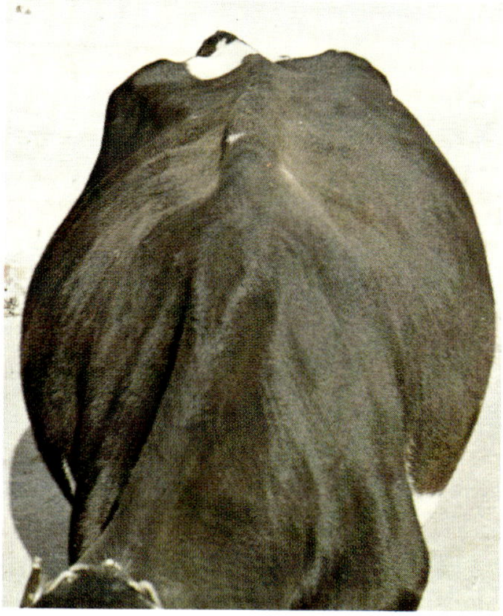

Abb. 28: Kuh mit Pansenüberladung und rezidivierender Tympanie bei vorderer funktioneller Stenose

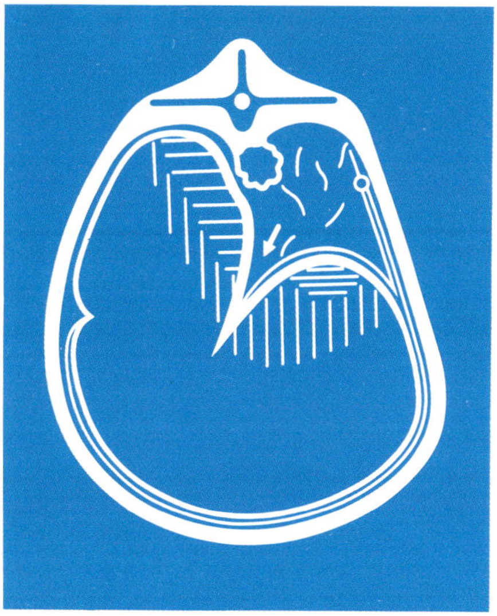

Abb. 29: Befund der rektalen Pansenpalpation bei vorderer funktioneller Stenose: der dilatierte ventrale Pansensack reicht bis zur rechten Bauchwand; Identifizierung des ballonartigen Organteiles durch Aufsuchen der rechten Pansenlängsfurche (Pfeil)

regelmäßig eine Verlangsamung der Herzschlagfolge festzustellen. Fast immer ist die schon äußerlich an der Zunahme des Leibesumfanges erkennbare, vor allem aber bei der Rektaluntersuchung festzustellende Pansendilatation und Pansenüberladung das auffälligste Symptom (Abb. 29). Wegen der meist gleichzeitig vorhandenen Behinderung des Ruktus entwickelt sich regelmäßig eine chronisch-rezidivierende (mäßige) Tympanie. Dabei ist die Pansentätigkeit meistens erhöht, jedoch sind die Pansenkontraktionen nur oberflächlich, und es ist nicht das typische Knisterrauschen, sondern es sind mehr plätschernde, gurgelnde Töne zu auskultieren. Der Panseninhalt ist gewöhnlich schaumig durchmischt und dunkelgrün gefärbt; der Kot ist vermindert, geformt und mit Schleim überzogen.

Nun wird oft die Frage gestellt, wie können einerseits Hypermotorik des Pansens und Bradykardie, also Symptome einer Vagotonie bestehen, während doch andererseits eine Lähmung des Vagus vorhanden ist. Dieser Befund ist dadurch zu erklären, daß an der Unterbrechungsstelle zugleich eine Nerven-

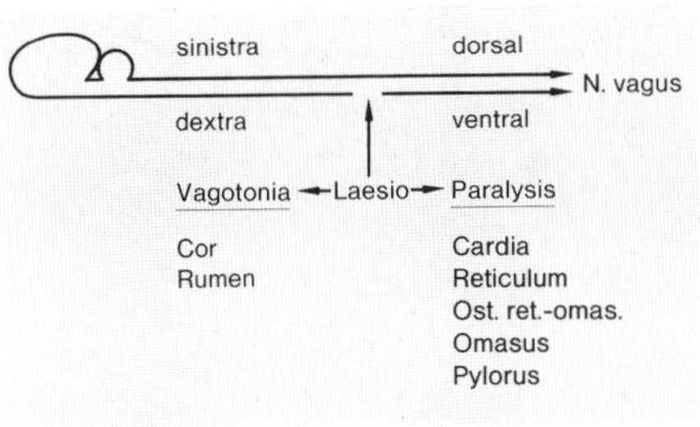

Abb. 30: Schematische Darstellung der Pathogenese des „Vagussyndromes“ bei Unterbrechung der Pars abdominalis ventralis: von der Unterbrechungsstelle ausgehende zentripetale Reizung und zentrifugale Lähmung

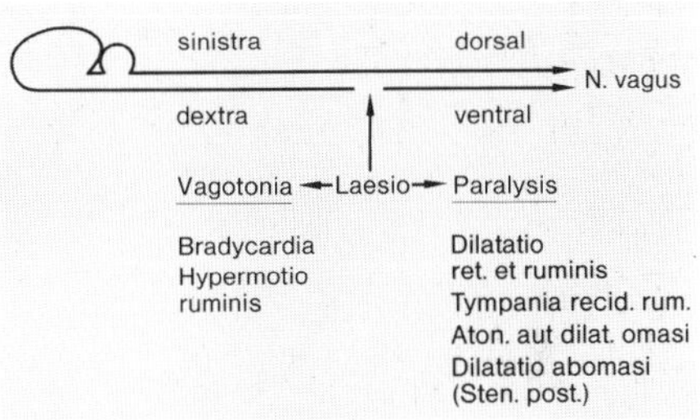

Abb. 31: Schematische Darstellung der Pathogenese des „Vagussyndromes“ bei Unterbrechung der Pars abdominalis ventralis: unterschiedlicher Funktionszustand der betroffenen Organe

reizung in zentripetaler Richtung eintritt (Abb. 30, 31). Sie wird im zentralen Nervensystem auf die efferenten Bahnen zum Pansen und zum Herzen umgeschaltet und ruft hier eine vagotone Bradykardie und am Pansen eine Hypermotilität hervor.

Im Falle einer hinteren funktionellen Stenose, also einer Pylorusstenose, tritt zunächst eine Anschoppung und Dilatation des Labmagens ein. Diese Labmagendilatation ist mit den üblichen klinischen Untersuchungsmethoden kaum sicher zu erfassen, es sei denn, das erweiterte Organ läßt sich vom Mastdarm aus auf dem Bauchhöhlenboden palpieren. Die hinteren funktionellen Stenosen werden daher meist erst nach 2 bis 3 Tagen diagnostiziert, wenn sich eine sekundäre Blättermagen- und Pansendilatation oder zusätzlich eine Hauben-Psalter-Stenose sowie Reflux von Labmageninhalt entwickelt hat.

Im ganzen umfaßt das HOFLUNDsche Syndrom mit der Pansendilatation und -überladung verbunden mit Hypermotorik und rezidivierender Tympanie, der Bradykardie, dem verminderten Kotabsatz sowie der Labmagenanschoppung eine Gruppe von Symptomen, welche die Erkennung im allgemeinen verhältnismäßig leicht macht. Es gibt aber Sonderfälle, z. B. beim Vorliegen einer Hochträchtigkeit, einer Bauchhöhlen- oder Eihautwassersucht, einer Labmagenverlagerung oder einer Blinddarmerweiterung, bei denen die Diagnose nicht ohne weiteres mit den üblichen klinischen Untersuchungsmethoden zu stellen ist, sondern weitere diagnostische Proben eingeleitet werden müssen.

In Kliniken kann unter günstigen Umständen die Röntgenuntersuchung weiterhelfen. Es ist weiterhin vorgeschlagen worden, den Patienten eine Farblösung, z. B. Carbo medicinalis, zusammen mit 1 bis 2 Litern einer 10 %igen Natriumsulfat- oder -karbonatlösung zur Auslösung des Schlundrinnenreflexes einzugeben. Nach 2 bis 3 Minuten wird der Labmagen punktiert, um zu prüfen, ob der Farbstoff in den Labmagen gelangt und somit die Schlundrinnenfunktion erhalten geblieben oder ausgefallen ist. Da der Schlundrinnenreflex aber auch bei gesunden (erwachsenen) Tieren nicht immer funktioniert, ist dieser Test nur dazu geeignet, um im positiven Falle, das heißt bei Nachweis des Farbstoffes im Labmagen, die vordere funktionelle Stenose auszuschließen.

Die sogenannte Atropinprobe macht sich zunutze, daß Atropin den Vagus lähmt und daher im Falle einer vagotonen Bradykardie die Herzfrequenz nach einer Atropininjektion ansteigt. Nun gibt es allerdings beim Rind verhältnismäßig oft vagotone Bradykardien, ohne daß eine Verletzung oder Unterbrechung des Nervus vagus vorliegt, z. B. bei einer Labmagenverlagerung, einer Blinddarmdrehung oder anderen Schmerzzuständen in der Bauchhöhle. Wir haben daher die Atropinprobe, die in der subkutanen Injektion von 30 bis 40 mg Atropinum sulfuricum besteht, sowohl bei den Vagusverletzungen als auch bei Tieren mit andersartigen Vagotonien ausgeführt. Dabei konnte festgestellt werden, daß bei den Vagusverletzungen, das heißt den funktionellen Stenosen, nach der Atropininjektion die Herzfrequenz relativ stärker ansteigt als bei den anderen vagotonen Bradykardien (Abb. 32). Am deutlichsten zeigt sich die Differenz 15 Minuten nach der Injektion. Wenn zu diesem

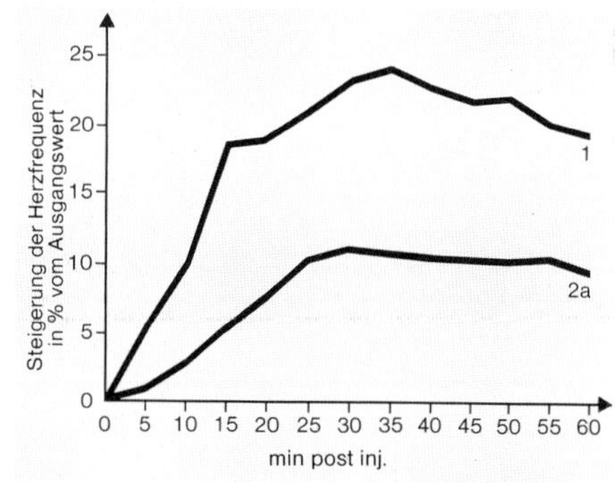

Abb. 32: Anstieg der Herzfrequenz bei Tieren mit Vagotonie nach subkutaner Injektion von 30 mg Atropinum sulfuricum: Gruppe 1: Tiere mit dauerhafter Vagusläsion
Gruppe 2: Tiere mit temporärer Vagotonie (Dirksen und Ranze, 1968)

Zeitpunkt die Herzfrequenz im Vergleich zu der Frequenz vor der Atropininjektion um 16% und mehr zugenommen hat, dann spricht dies mit 98%iger Sicherheit dafür, daß der Bradykardie eine dauerhafte Vagusverletzung zugrunde liegt. Der Atropintest kann daher in Zweifelsfällen einen wichtigen Hinweis auf das Vorhandensein einer funktionellen Stenose geben. Man darf sich jedoch nicht allein auf diesen Test verlassen, sondern die Herzreaktion ist stets im Rahmen des gesamten Symptomenbildes zu beurteilen.
Führt auch diese Probe nicht zum Ziel, so bleibt als letzte Möglichkeit die diagnostische Laparo-Ruminotomie. Dabei läßt sich nicht nur der Typ der Vagusläsion feststellen, sondern oft auch deren Ursache ermitteln. Bei einer vorderen funktionellen Stenose sind Haube und Pansen stark dilatiert und mit schaumig durchmischtem Futter gefüllt, Psalter und Labmagen sind klein und leer (Abb. 33, 34). Die Hauben-Psalteröffnung steht weit offen und läßt bei der Berührung keinerlei Spannung erkennen. Bei einer Pylorusstenose ist der Labmagen mit festem Futter gefüllt und stark dilatiert (Abb. 35), ebenso der Psalter, der oft bis auf Medizinballgröße erweitert ist; sekundär kann auch der Pansen eine gewisse Dilatation aufweisen, jedoch ist im Gegensatz zur vor-

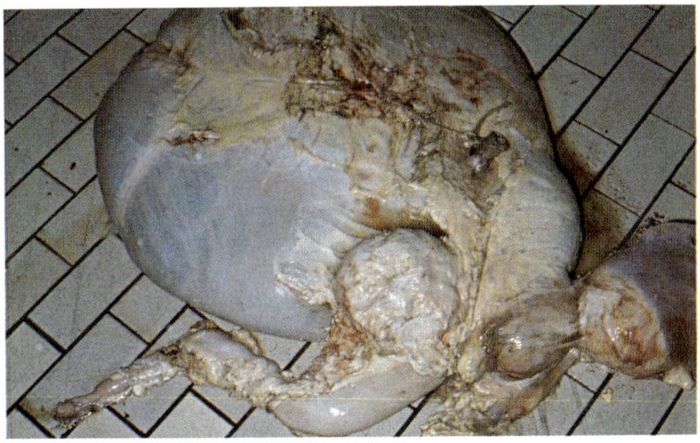

Abb. 33: Sektionsbefund bei vorderer funktioneller Magenstenose infolge eines Leberabszesses: Pansen und Haube stark dilatiert, Psalter und Labmagen klein und leer

Abb. 34: Sektionsbefund bei vorderer funktioneller Magenstenose infolge eines Leberabszesses: nach der Eröffnung entleert sich dunkelgrüner, teils schaumig durchmischter und feine Faserpartikel enthaltender Panseninhalt, Psalter und Labmagen sind leer

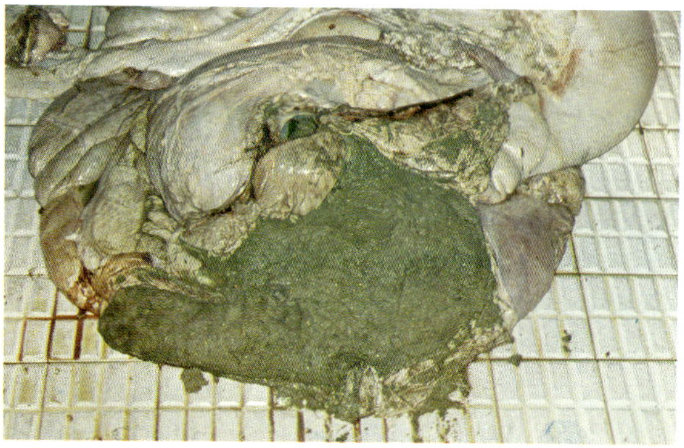

Abb. 35: Sektionsbefund bei hinterer funktioneller Stenose: Labmagen und Psalter sind stark dilatiert und mit zum Teil dickbreiigem, relativ trockenem Inhalt gefüllt

deren funktionellen Stenose im Anfangsstadium das Futter noch normal geschichtet.

Sobald die geschilderten klinischen Erscheinungen voll ausgeprägt sind, bestehen in der Regel keine *Heilungsaussichten* mehr, und daher ist die baldige Verwertung des Tieres anzuraten. Eine geringgradig bessere Prognose haben nur die partiellen Vaguslähmungen. Sie sind daran zu erkennen, daß der Psalter noch feste Konsistenz besitzt, die Hauben-Psalteröffnung noch eine gewisse Kontraktilität aufweist und der Panseninhalt noch geschichtet ist. Ebenso kann man auch der rezidivierenden Pylorusstenose, die nur vorübergehend auftritt, eine gewisse Heilungsaussicht zusprechen.

Die *Behandlung* erfolgt durch Beseitigung der vermuteten Ursache, soweit dies möglich ist, das heißt, durch Entfernen stechender Fremdkörper oder Spaltung und Entleerung von Haubenabszessen. Weiterhin ist es notwendig, eine temporäre Pansenfistel durch Einnähen eines Gummischlauches anzulegen (Abb. 48) und wiederholt Pansenflora von gesunden Tieren durch die Fistel zu implantieren. Parenteral erhalten die Tiere wiederholt Vitamin-B-Komplex und stimulierende Präparate, wie Calcium gluconicum und ACTH

Übersicht 6: Verbleib von 72 Fällen von Vaguslähmungen (Paralysis nervi vagi – partis abdom. ventr.)

Geschlachtet	
unmittelbar nach Diagnosestellung	61
Behandlungsversuche	11
geheilt	5
(partielle vord. fkt. Sten. / 2)	
(temp. hint. fkt. Sten. / 3)	
nicht geheilt	6

oder Glucocorticoide. Sofern sich binnen 2 bis 4 Wochen keine deutliche Besserung zeigt, sollte auch in diesen Fällen die Schlachtverwertung eingeleitet werden. Die eigenen Ergebnisse solcher Behandlungsversuche enthält Übersicht 6.
Dazu ist einschränkend zu bemerken, daß es sich bei den drei aufgeführten Pylorusstenosen um Verdachtsdiagnosen gehandelt hat. Die Heilungsaussichten sind somit so gering, daß Heilversuche nur ausnahmsweise in Frage kommen.

Grundzüge der mikrobiellen Verdauung und der Regulation des pH-Wertes im Hauben-Pansenraum

Bekanntlich geschieht die spaltende Verdauungsarbeit im Hauben-Pansenraum nicht durch körpereigene Fermente, sondern ausschließlich durch die hier beheimateten Mikroorganismen: Bakterien, Infusorien und Pilze. Die Hauptarbeit wird von den Bakterien geleistet, die in großer Zahl und zahlreichen Arten im Pansen vertreten sind. Unter den verschiedenen Bakterienarten herrscht eine strenge Arbeitsteilung, das heißt, es sind jeweils bestimmte Arten für den Abbau der einzelnen Grundnährstoffe zuständig. Man kann daher sagen: jede Ration benötigt ihre eigene bestimmte Flora. Da es etwa ein bis zwei Wochen (und eventuell noch länger) dauert, bis sich die Vormagenflora an ein neues Futter angepaßt hat, dürfen Futterwechsel beim Rind nur ganz allmählich vorgenommen werden.
Im Vordergrund der Hauben-Pansen-Verdauung steht der bakterielle Abbau der Kohlenhydrate zu den niederen Fettsäuren, vornehmlich zu Essigsäure, Propionsäure und Buttersäure, welche die Hauptenergielieferanten des Wiederkäuers sind. Propionsäure dient der Blutzuckersynthese auf dem Wege der Glukoneogenese, Essigsäure wird vornehmlich zur Milchfettbildung herangezogen, die Buttersäure kann beide Wege gehen. Auch die Eiweiße und Fette werden zum Teil bereits im Pansen gespalten.
Wenn wir die Faktoren betrachten, welche den Säuregrad des Vormageninhaltes beeinflussen, so ist davon auszugehen, daß der pH-Wert im Hauben-Pansenraum schon physiologischerweise in einem verhältnismäßig weiten Bereich, nämlich von 5,5 bis etwa 7,0 schwankt. Diese Schwankungen treten periodisch auf und werden durch die Futteraufnahme bedingt (Abb. 36). Nach jeder Futteraufnahme tritt in der darauffolgenden Phase intensiver bakterieller Verdauung durch die dabei entstehenden Fettsäuren eine Senkung des pH-Wertes ein, die nach etwa 2–3 Stunden ihren Tiefstpunkt erreicht. Anschließend steigt der pH bis zur nächsten Fütterung wieder allmählich an, und nach Fastenpausen von etwa 24 Stunden können Werte um pH 7 und höher gemessen werden. Diese Schwankungen sind bei pH-Messungen zu berücksichtigen; die pH-Angaben in der wissenschaftlichen Literatur werden daher im allgemeinen auf die 2 bis 3 Stunden nach der Futteraufnahme ermittelten Werte bezogen.
Der Umfang der pH-Schwankungen (die Schwankungsbreite oder das pH-Niveau) wird durch die Zusammensetzung des Futters bestimmt. Bei hohem

Anteil an leichtverdaulichen Kohlenhydraten, z. B. Getreideschrote oder Zuckerrüben, fällt der pH-Wert stärker ab als bei rauhfutterreichen Rationen wie Heu, Silagen oder Stroh (Abb. 36).

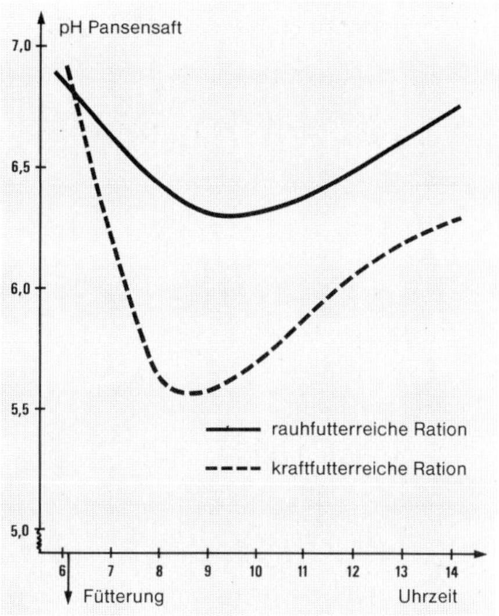

Abb. 36: pH-Verlauf im Panseninhalt bei unterschiedlicher Fütterung (Kaufmann, 1972)

Die Regulation des pH-Wertes in den Vormägen ist für das Tier lebensnotwendig. Seine Möglichkeiten, darauf Einfluß zu nehmen, sind aber begrenzt. Die wichtigsten Faktoren für die Einstellung des pH sind 1) die Geschwindigkeit des bakteriellen Futterabbaues in den Vormägen und die aus dem Kohlenhydratabbau pro Zeiteinheit gebildete Fettsäuremenge, 2) die Höhe des neutralisierenden Speichelflusses (der Speichel hat einen pH von 8,1 bis 8,5 und enthält puffernde Salze, insbesondere Natriumbikarbonat und Phosphat), 3) die Resorption und 4) die Passagegeschwindigkeit der Ingesta (Abtransport aus dem Pansen). Man könnte nun annehmen, die Regulation durch das Tier müsse in der Weise erfolgen, daß bei der Aufnahme großer Konzentratmengen und der damit verbundenen starken Säurebildung in den Vormägen auch eine hohe Speichelsekretion vorhanden sein müsse. Das ist aber nicht der Fall, sondern es ist sogar umgekehrt. Die Regulationsmechanismen des Wiederkäuers sind nämlich nicht darauf eingestellt, einen mittleren oder normalen pH aufrecht zu erhalten, sondern sie sind darauf ausgerichtet, entsprechend der Zusammensetzung der Nahrung denjenigen pH einzustellen, der für den Abbau des jeweiligen Futters der günstigste ist (Kaufmann, 1972).

Die Bakterienarten, die bevorzugt Stärke abbauen, nehmen an Zahl und Aktivität besonders bei tiefen pH-Werten zu, während sich andere Stämme, die Zellulose bevorzugen, bei höheren pH-Werten vermehren. So ist festzustellen, daß bei den stärke- und zuckerreichen Konzentraten, die ja zugleich auch rohfaserarm sind, weniger Speichel produziert wird als bei den rohfaserreichen, man könnte auch sagen, grobfaserigen oder gutstrukturierten (zellulosereichen) Futtermitteln. Da in dem einen Fall viel Säure bei zugleich relativ geringem Speichelfluß gebildet wird, sinkt der pH-Wert ab, während im anderen Fall, bei rauhfutterreicher Nahrung, weniger Säure produziert wird und zugleich mehr Speichel fließt, so daß sich der pH in den für die Zellulosespalter günstigen Bereich verschiebt.

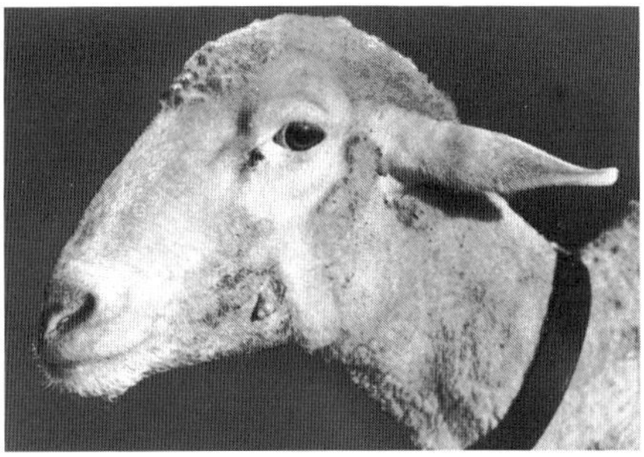

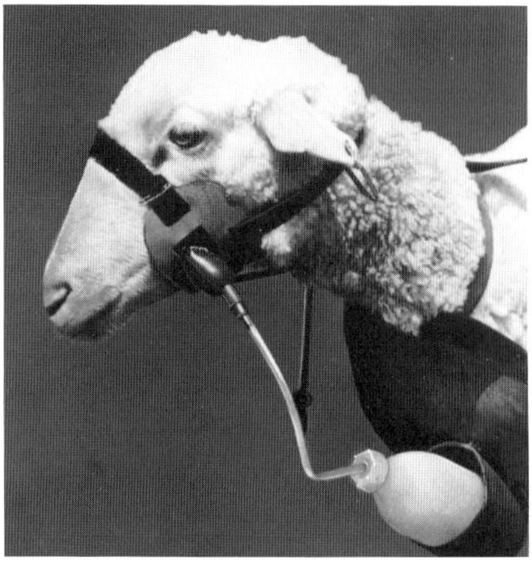

Abb. 37: Linksseitige Parotisfistel nach WRIGHT bei einem Versuchsschaf

Abb. 38: Versuchsschaf mit angelegter Vorrichtung zum Auffangen des Speichels

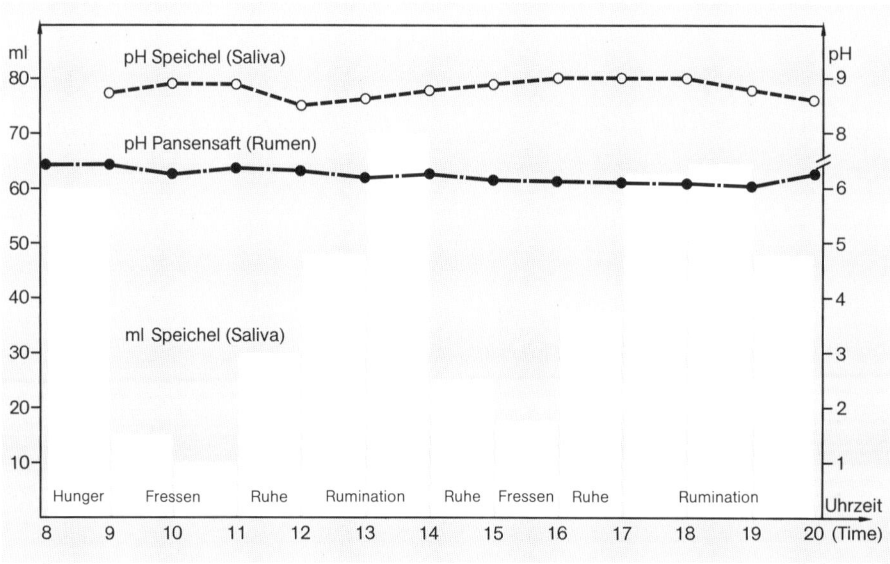

Abb. 39: Durchschnittliche Speichelsekretion aus einer Parotis beim Schaf (in Prozent vom Ausgangswert vor dem morgendlichen Füttern) bei normaler Fütterung mit einer gemischten Ration (Heu und Kraftfutter) (DIRKSEN und KHAMIS, 1974)

Warum nun das eine Mal mehr, das andere Mal weniger Speichel produziert wird, das erklärt sich aus dem Einfluß der Struktur des Futters, man könnte auch sagen der Grobfaserigkeit, auf die Dauer des Wiederkauens. Denn während der Rumination ist die Sekretionsrate an Speichel etwa 2- bis 3mal größer als während des Fressens oder im Ruhezustand (Abb. 37, 38, 39); bei grobfaserigem Futter ist die Dauer des Wiederkauens länger als bei gemahlenem oder zerkleinertem Futter. Die Zusammenhänge sind in Übersicht 7 noch einmal stark vereinfacht dargestellt.

Übersicht 7: Schema der pH-Regulation im Pansen (nach KAUFMANN, *1972)*

Ration reich an strukt. Rohfaser (viel Zellulose)	Ration reich an Kraftfutter (viel Stärke)
↓	↓
Relativ langes Wiederkauen (40–50 min/kg TM)	Relativ kurzes Wiederkauen (25–30 min/kg TM)
↓	↓
Hohe Speichelproduktion (etwa 12–14 l/kg TM)	Geringe Speichelproduktion (etwa 10–12 l/kg TM)
↓	↓
Relativ geringe Konzentr. an FFS bei hohem Anteil an Essigsäure: langsame Resorption	Relativ hohe Konzentr. an FFS bei steig. Anteil an Propionsäure: schnelle Resorption
↓	↓
Hohe pH-Werte im Pansen (pH 6,0–6,8) Günstiger pH-Bereich für zellulosespaltende Keime	Niedrige pH-Werte im Pansen (pH 5,5–6,0) Günstiger pH-Bereich für stärkespaltende Keime

Im Vergleich zu den Kohlenhydraten haben die anderen beiden Grundnährstoffe, nämlich Fette und Proteine, nur einen relativ geringen Einfluß auf die pH-Regulation im Vormagensystem. Andererseits hat sich aber gezeigt, daß gerade die Eiweißversorgung in einer engen Beziehung zur Kohlenhydrat- bzw. Energieversorgung steht (KAUFMANN, 1976).

Zunächst zu den *Fetten*: Wie die anderen Nahrungsbestandteile werden auch sie von den Pansenmikroben angegriffen. Ungesättigte Fettsäuren werden hydriert; so werden z. B. mehr als 50 % der im Gras vorhandenen Linolsäure zu Stearinsäure bzw. Ölsäure umgewandelt. Neutralfette und Phospholipide unterliegen der Hydrolyse, wobei freie Fettsäuren entstehen. Das bei der Spaltung freiwerdende Glycerin wird unter Bildung von niederen Fettsäuren abgebaut.

Zu negativen Auswirkungen auf den Pansen- und Körperstoffwechsel kann es kommen, wenn große Mengen von Fetten aufgenommen werden. Dabei spielt aber offenbar ihr Gehalt an bestimmten Fettsäuren eine wesentliche Rolle. In Verbindung mit der Verfütterung von größeren Fettmengen, insbesondere von Soja-, Kokos- oder Palmkernfett, sind die folgenden negativen Effekte beobachtet worden: eine Verminderung der Futteraufnahme, Hemmung des mikrobiellen Zelluloseabbaues im Pansen, Anstieg des Ammoniakgehaltes im Panseninhalt, Depression des Milchfettgehaltes, Anstieg des Ketonkörpergehaltes im Harn und noch andere negative Folgen.

Was den *Eiweißstoffwechsel* im Pansen und die Eiweißversorgung der Wiederkäuer angeht, so haben neuere Untersuchungen den Einblick in den N-Stoffwechsel der Wiederkäuer erheblich erweitert. Ein wesentlicher Teil der hier dargestellten Untersuchungsergebnisse wurde an Kühen gewonnen, die sowohl mit einer Pansenfistel als auch mit einer Umleitungskanüle (re-entrant cannula) am Duodenum versehen waren (Abb. 40, 41).

Im Vergleich zum Stickstoffumsatz bei Tieren mit einhöhligem Magen zeigt der Wiederkäuer mehrere Besonderheiten. Der bedeutendste Unterschied besteht darin, daß in den Vormägen bakterielles Protein produziert wird, weshalb man den Pansen auch als „Einzeller-Proteinfabrik" bezeichnet. Die Vor-

Abb. 40: Kuh mit Umleitungskanüle (re-entrant cannula) am Duodenum

Abb. 41: Kuh mit Umleitungskanüle (re-entrant cannula) am Duodenum

magenflora ist somit nicht allein vorhanden, um Zellulose und andere Kohlenhydrate in die für den Wiederkäuer nutzbaren Endprodukte umzuwandeln, sondern die Flora ist gleichzeitig eine wichtige Quelle für die Eiweißversorgung des Tieres. Dabei ist zu berücksichtigen, daß nur das in den Darm gelangende Eiweiß vom Tier zur Deckung seines Bedarfs genutzt werden kann. Es besteht zu einem Teil aus Bakterienprotein und zum anderen Teil aus Futterprotein.

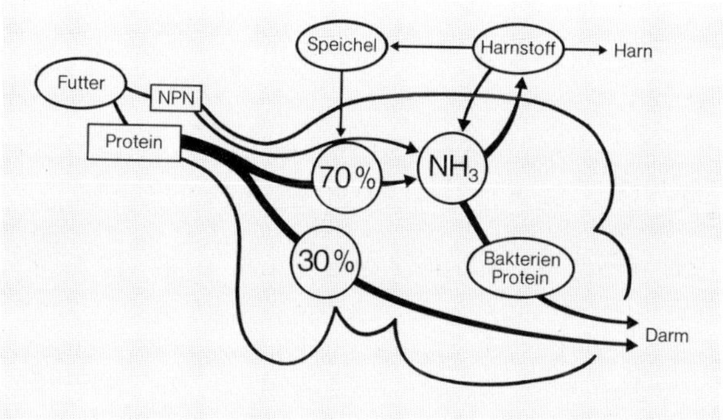

Abb. 42: Schematische Darstellung des Ab- und Umbaues von Futterprotein und Nichtproteinstickstoff (NPN) im Pansen (nach KAUFMANN, 1976)

Die mit Hilfe der Umleitungstechnik am Duodenum durchgeführten Untersuchungen haben ergeben, daß 60 bis 80%, d.h., im Mittel 70% des aufgenommenen Futterproteins durch die Pansenflora zu Aminosäuren abgebaut werden (KAUFMANN, 1976). Ammoniak wird, wie Abbildung 42 demonstriert, z.T. von den Pansenbakterien zum Aufbau des Bakterienproteins benutzt, z.T. in der Leber in Harnstoff umgewandelt und mit dem Harn ausgeschieden. Zu einem geringeren Teil gelangt es über den ruminohepatischen Kreislauf wieder zurück in den Pansen. Nur 20 bis 40% des Futterproteins, d.h., im Durchschnitt 30%, entgehen der mikrobiellen Spaltung und erreichen unversehrt den Darm.
Für die Synthese des Bakterienproteins wird aber nicht nur Stickstoff, sondern auch Energie benötigt, d. h., die Proteinsynthese im Pansen ist auch von der Versorgung mit Kohlenhydraten abhängig. Wie aus vielen Untersuchungen hervorgeht, wird die Vermehrung der Pansenbakterien und damit die bakterielle Proteinsynthese vor allem durch eine stärkereiche Fütterung angeregt. Der Energiegehalt eines Futters wird hierzulande gegenwärtig noch nach Stärkeeinheiten gemessen. Aus den zitierten Experimenten hat sich ergeben, daß je 100 verfütterter Stärkeeinheiten etwa 15 g verfügbares Bakterienprotein synthetisiert werden (KAUFMANN, 1976).
Die Eiweißproduktion im Pansen läßt sich über die Energiezufuhr aber nicht unbegrenzt steigern, weil mit wachsenden Anteilen an leichtverdaulichen

Kohlenhydraten in der Ration der Wiederkäuer in zunehmende Schwierigkeiten mit der pH-Regulation gerät. Nach einer Kalkulation von KAUFMANN (1976) lassen sich über das Bakterienprotein bei niedrigen Leistungen etwa 70 bis 80 % des Eiweißbedarfes und bei hohen Leistungen etwa 60 % des Eiweißbedarfes decken. Das Defizit muß über das unverdaut den Pansen passierende Futterprotein ausgeglichen werden.

Um einerseits die Eiweißversorgung der Hochleistungstiere sicherzustellen, andererseits aber eine zu hohe Ammoniakkonzentration im Pansen zu vermeiden, wird heute versucht, durch Vorbehandlung des Proteins, z. B. mit Formalin, die Spaltung im Pansen zu verhindern und es unversehrt in den Darm gelangen zu lassen („geschütztes Protein").

Abgesehen von den bei Überangebot von Stärke eintretenden Schwierigkeiten der pH-Regulation im Pansen ist die Energieversorgung aber vor allem im Hinblick auf mögliche Eiweiß-Mangelzustände und die Auswirkungen auf den Milcheiweißgehalt von Interesse. Unterstellt man z. B. eine Unterschreitung des Energieangebotes um 2000 bis 3000 Stärkeeinheiten – was in der Hochlaktation nicht selten vorkommt – so bedeutet dies, daß gleichzeitig 200 bis 300 g Bakterienprotein weniger im Darm verfügbar sind. Eine der möglichen Folgen der mit Energiemangel verbundenen Eiweißmangelsituation ist die Abnahme des Milcheiweißgehaltes. Dies hat für die Landwirte ganz erhebliche Bedeutung, da in der Bundesrepublik Deutschland in der Zukunft die Bezahlung der Milch nicht mehr nach dem Fettgehalt, sondern nach dem Eiweißgehalt erfolgt. Ferner konnten auch Hinweise auf Beziehungen zwischen abfallendem Eiweißgehalt der Milch und verminderter Fruchtbarkeit gewonnen werden. Eine ganze Reihe von Publikationen hat aufgezeigt, daß die Fertilität nicht unwesentlich auch von einer ausreichenden Energieversorgung abhängig ist. Es erscheint möglich, daß diese Beziehung zwischen Energie und Fruchtbarkeit im Grunde eine Beziehung zwischen Eiweißversorgung und Fruchtbarkeit ist.

Sehr hohe Eiweißgaben bewirken eine hohe NH_3-Produktion im Pansen, so daß dadurch der pH-Wert in der Pansenflüssigkeit angehoben wird. Ein Übergang in den alkalischen Bereich kommt jedoch nur in Extremsituationen vor.

Einfache Inaktivität der Vormagenflora und -fauna

(Insufficientia biochimica simplex ingestorum reticuli et ruminis)

Wenn Wiederkäuer ein rohfaserreiches Futter erhalten, das zugleich arm an Zucker, Stärke und Eiweiß, also an leichtverdaulichen Nahrungsstoffen ist, so besteht eine mäßige Säurebildung im Pansen bei gleichzeitig hoher Speichelproduktion, so daß sich der pH-Wert des Vormageninhaltes in einem vergleichsweise hohen Bereich (d. h. zum Neutralpunkt hin) bewegt. Die Zahl der Pansenbakterien und der Infusorien ist geringer als bei konzentratreichen Rationen. Ist das Futter ausgesprochen nährstoffarm, wie verholztes, ausgewaschenes Heu oder Getreidestroh, so nimmt sowohl die Gesamtmenge der Bakterien als auch die Zahl der Arten ab, und alle mikrobiell-biochemischen Zerlegungs- und Synthesevorgänge gehen quantitativ zurück oder werden sogar vollständig unterbrochen. Dieser Zustand wird als eine „Einfache Inaktivität der Mikrobenflora und -fauna" bezeichnet. Die Inaktivität ist mit Hilfe der Methylenblauprobe, die das Redoxpotential im Pansen anzeigt, leicht zu diagnostizieren (Abb. 17, 18).

Abb. 43: Kuh mit Mangelerscheinungen bei einfacher Inaktivität der Mikroflora und -fauna: Haarausfall in der Umgebung der Augen (Brille) und am Hals

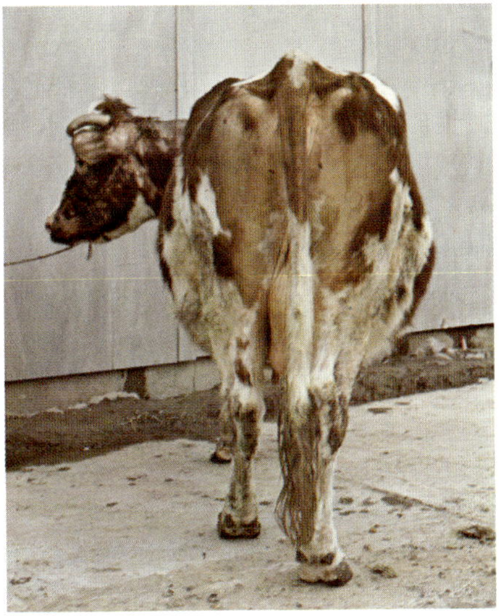

Abb. 44: Kuh mit Mangelerscheinungen bei einfacher Inaktivität der Mikroflora und -fauna: Haarausfall, Abmagerung, Milchrückgang

Aktivitätsminderungen der Vormagenflora und -fauna kommen aber nicht nur bei allgemeinem Nährstoffmangel vor, sondern auch, wenn einzelne Komponenten in der Nahrung fehlen, welche die Bakterien als Wachstumsfaktoren benötigen, z. B. Phosphor, Schwefel, Kupfer, Kobalt, Mangan, Molybdän u. a. Als besonders eindrucksvolles Beispiel ist der Kobaltmangel zu nennen, der eine Unterbrechung der mikrobiellen Vitamin-B_{12}-Synthese zur Folge hat.
Die Pansenflora kann darüber hinaus auch durch Aufnahme keimhemmender Substanzen, wie Antibiotika, Sulfonamide, Desinfizientien oder bestimmte Flugstaubemissionen gehemmt werden. Voraussetzung ist allerdings, daß diese Stoffe in hinreichend großer Menge in den Pansen gelangen.

Klinisch äußert sich die Inaktivität der Vormagenflora in Milchrückgang, Gewichtsverlust, Aufrauhung des Haarkleides, Haarausfall (Abb. 43, 44), schlechter Spermaqualität bei den Vatertieren und eventuell auch in Lecksuchtsymptomen. In fortgeschrittenen Fällen kommt es allmählich zur Pansendilatation mit rezidivierender (mäßiger) Tympanie. Der Pansensaft dieser Tiere ist wie folgt beschaffen (Abb. 45): graubraune Farbe, wäßrige Konsistenz mit geringer Blasenbildung und schneller Sedimentation, muffiger, indifferenter Geruch, leicht alkalischer pH, geringe Infusorienzahl, Methylenblaureduktion über 6 Minuten hinaus verzögert (Abb. 46). Wird an einem derartig erkrankten Tier eine Ruminotomie vorgenommen, so fällt auf, daß der Panseninhalt nicht die übliche Schichtung aufweist, sondern fester und flüssiger Inhalt diffus durchmischt sind. Der Kot ist oftmals trokken und mit Schleim überzogen und enthält einen hohen Anteil an unverdauten Pflanzenfasern (Abb. 47). Es kann jedoch auch leichte Diarrhoe bestehen, wobei die Ausscheidungen aber – wie sich nach Abpressen der Flüssigkeit zeigt – ebenfalls reich an unverdauten Fasern sind.

Abb. 45: Pansensaft bei einfacher Inaktivität der Vormagenflora und -fauna: fehlende Flotation, schnelle Sedimentation, wäßrige Konsistenz, dunkelbraune Farbe

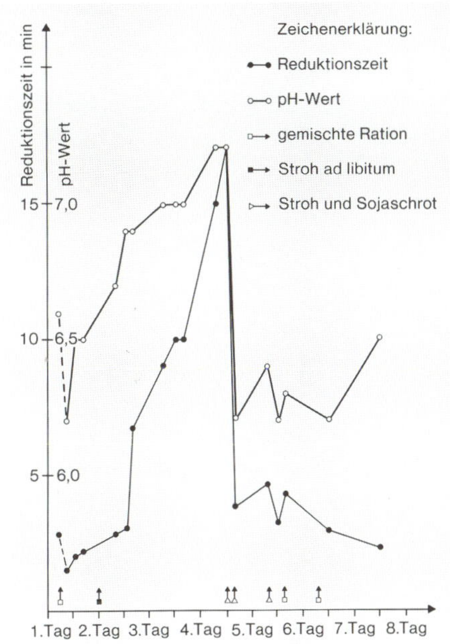

Abb. 46: Ergebnis der „Methylenblauprobe" (Reduktion von 0,3 mg Methylenblau in 0,03 %iger Lösung durch 20 ml Pansensaft) und der pH-Verlauf im Pansensaft nach Übergang von einer gemischten Ration zu Stroh ad lib. und anschließender Zulage von Sojaschrot; tägliche Kontrolle um 8.30, 13.30 und 16.30 Uhr

Die *Behandlung* besteht in Umstellen der Tiere auf ein gehaltvolles Futter mit ausreichendem Anteil an Zucker, Stärke und Eiweiß in der Ration sowie in der Zugabe einer Mineralstoffmischung mit Spurenelementen. Zur Beschleunigung der Rekonvaleszens empfiehlt es sich, Pansensaft gesunder Spendertiere einmal oder mehrmals in Mengen von 2 bis 3 Litern per Schlundsonde einzugeben und die auf Seite 32 genannten Medikamente zuzusetzen. Von der pharmazeutischen Industrie werden zur

Abb. 47: Trockener schleimüberzogener Kot mit hohem Anteil an unverdauten Pflanzenfasern bei einfacher Inaktivität der Vormagenflora und -fauna

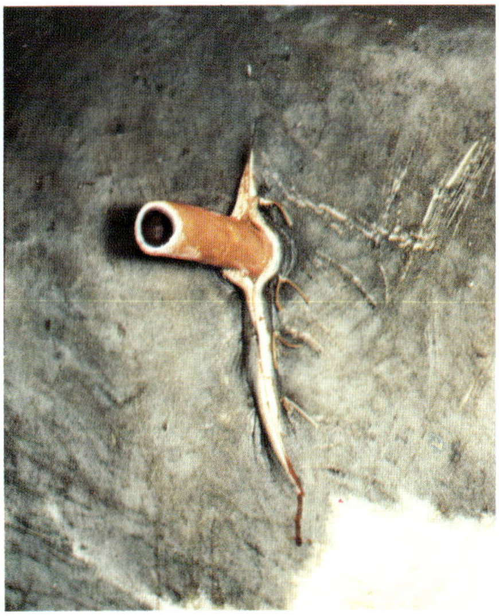

Abb. 48: Operativ angelegte temporäre Pansenfistel zur Behandlung der mit rezidivierender Tympanie einhergehenden einfachen Inaktivität der Vormagenflora und anderer Vormagenkrankheiten

Reaktivierung der Vormagenflora auch verschiedene Wuchsstoff- und Pansenflorapräparate angeboten. Der Nutzen der zur Zeit im Handel befindlichen Präparate ist jedoch begrenzt; sie können die Pansensaftübertragung nicht ersetzen. Bei Vorliegen einer rezidivierenden Tympanie muß notfalls eine temporäre Pansenfistel (Abb. 48) angelegt werden, damit die mit der Gasansammlung verbundene Überdehnung des Pansens verhindert wird und sich die Motorik wieder normalisieren kann.

Alkalose des Hauben-Panseninhaltes

(Alcalosis ingestorum reticuli et ruminis)

Wie zuvor dargelegt wurde, kann der pH-Wert im flüssigen Panseninhalt bei einer Mangelfütterung bis über den Neutralpunkt, in den Futterpausen sogar bis auf den pH des Speichels von 8,0 und höher ansteigen. Nach der hier zugrunde gelegten Einteilung ist diese Form der Alkalisierung jedoch nicht als Pansenalkalose anzusprechen, sondern davon zu trennen. Die Bezeichnung „Pansenalkalose" soll denjenigen Krankheitszuständen vorbehalten bleiben, bei denen die Alkalisierung im Vormageninhalt durch den Anstieg der Ammoniakkonzentration hervorgerufen wird. Eine Erhöhung des Ammoniakspiegels im Pansen ist unter den natürlichen Bedingungen bei einer eiweißreichen Fütterung zu erwarten. Die gebildete Ammoniakmenge ist jedoch nur in Extremfällen so groß, daß dadurch der pH-Wert über den Neutralpunkt angehoben wird. Dieser Zustand ist eigentlich nur von der Harnstoffvergiftung bekannt, bei der plötzlich extrem hohe Ammoniakmengen freigesetzt werden. Auch bei hohem Nitratgehalt im Futter ist mit einer starken Ammoniakanflutung im Vormageninhalt zu rechnen. Das *Krankheitsbild* ist aber weniger durch die Indigestionserscheinungen (Hemmung der Vormagenmotorik, Tympanie, eventuell Erbrechen) als durch die allgemeinen Intoxikationssymptome (insbesondere von seiten des Nervensystems) charakterisiert. In leichteren Fällen wurden verminderter Appetit, herabgesetzte Rumination und Vormagentätigkeit, rezidivierende Tympanie, Durchfall, Verminderung des Milchfettgehaltes sowie pareseähnliche Zustände mit Schwanken und häufigem Liegen beobachtet. Der Pansensaft hatte einen hochalkalischen pH zwischen 7 und 8,5 und roch deutlich nach Ammoniak. Zur *Therapie* der akuten Alkalisierungszustände werden die folgenden Maßnahmen alternativ empfohlen: orale Applikation von 1 bis 2 Litern des 2,5%igen Haushaltsessigs, 50 bis 70 ml Milchsäure in 8 bis 10 Liter Wasser oder dünnem Schleim per Nasenschlundsonde, 100 – 200 g Glutaminsäuregranulat in 1 Liter Wasser oral und Nachdosierung des letzteren eventuell nach 2 Stunden. Außerdem ist in jedem Fall eine Futterkorrektur in dem Sinne vorzunehmen, daß der Anteil an leichtverdaulichen Kohlenhydraten in Form von Melasse, Gehaltsrüben, Getreideschroten, gutem Heu zu erhöhen ist bei gleichzeitiger Reduzierung der Eiweißmenge auf den entsprechenden Bedarf. Bei Parese- oder Krampfzuständen werden Kalzium-Magnesiumlösungen, Leberschutzmittel und Antihistaminika injiziert.

Fäulnis des Hauben-Panseninhaltes

(Putrefactio ingestorum reticuli et ruminis)

Den primär mikrobiell-biochemischen Störungen der Vormagendigestion ist auch die Pansenfäulnis zuzurechnen. Das Wesen dieser Krankheit besteht in einer Überwucherung der physiologischen Vormagenflora durch Keime vom Coli- und Proteus-Typ. Normalerweise wird die Vermehrung der regelmäßig mit dem Futter und Trinkwasser aufgenommenen Fäulniskeime durch die physiologische Pansenflora gehemmt. Gelangen jedoch derartige Keime wiederholt in großer Menge in den Pansen und/oder finden sie aufgrund eines hohen, um den Neutralpunkt oder im alkalischen Bereich liegenden pH-Wertes ein günstiges Wachstumsmilieu, so entwickelt sich eine faulige Zersetzung der Ingesta mit Bildung toxischer Abbauprodukte.

Abb. 49: Pansensaft bei Fäulnis: schwärzlichgrüne Farbe, jauchiger Geruch, Durchmischung von festen und flüssigen Bestandteilen

Ursächlich spielen in Fäulnis übergegangene Silagen, Rüben, Kartoffeln oder Brauereiabfälle, durch Jauche verunreinigtes Gras oder Trinkwasser, stark bakteriell verunreinigtes Getreide und anderes mehr eine Rolle.

Mit dieser Indigestion behaftete Rinder zeigen wechselhaften Appetit, herabgesetzte Vormagentätigkeit und rezidivierende Tympanie, die zum Teil auf schaumiger Gärung beruht, sowie intermittierenden Durchfall.

Bei Kühen ist die Milchleistung, bei Vatertieren die Spermaqualität reduziert. Kühe neigen zu Stoffwechselstörungen in Form von Parese- und Krampfzuständen. Die per Sonde entnommene Pansensaftprobe (Abb. 49) hat eine schwarzgrüne Farbe, wäßrige bis schaumige Konsistenz, einen faulig-jauchigen Geruch, und ihr pH-Wert liegt zwischen 7,5 und 8,5; die Protozoenzahl ist stark vermindert.

Therapeutisch sind zunächst die zur Behandlung der Pansenalkalose aufgeführten Maßnahmen zu versuchen. Bei schon länger bestehender Pansenfäulnis empfiehlt es sich, zuvor 2 bis 3 Tage lang täglich etwa 5 bis 10 g Streptomycin oder auch ein anderes Antibiotikum, wie z. B. Chlortetracyclin, oral zu applizieren. – Schwere Fälle von Pansenfäulnis sind mitunter nur auf dem Wege der Ruminotomie zu beheben. Der Mageninhalt wird restlos ausgeräumt und der Pansen mehrmals mit lauwarmem Wasser ausgespült. Anschließend werden etwa 10 bis 20 l Leinsamen- oder Haferschleim zusammen mit etwa 2 bis 3 Liter Pansensaft und den auf Seite 32 genannten Präparaten in den Pansen eingefüllt und zusätzlich einige Handvoll grob zerrupftes Heu hineingegeben. Diese Behandlung ist an den folgenden Tagen per Nasenschlundsonde zu wiederholen.

Pansenazidose-Komplex – Gegenwärtige Vorstellungen zur Einteilung

So wie der früher sehr allgemein gebrauchte Begriff „Indigestion" immer wieder modifiziert und aufgegliedert worden ist, unterliegt gegenwärtig auch der Begriff „Pansenazidose" einem Wandel. Unter einer „Pansenazidose" wurde bis vor kurzem allein die akute Erkrankung infolge Überproduktion von Milchsäure verstanden (Schrotvergiftung/grain engorgement, Milchsäure-Azidose/bovine rumen lactic acidosis usw.). Inzwischen hat sich jedoch gezeigt, daß außer der akuten Milchsäureazidose weitere pathologische Veränderungen im Säurestatus des Vormageninhaltes vorkommen, die ebenfalls als „Pansenazidose" angesprochen werden können. Gemeint sind damit Übersäuerungszustände, die auf einer starken Erhöhung der Gesamtmenge an organischen Säuren mit gleichzeitiger Verschiebung in den Anteilen der niederen Fettsäuren an der Gesamtmenge beruhen. Sie rufen keine akuten Krankheitserscheinungen hervor, sondern die nachteiligen Auswirkungen auf die Körperorgane und den -stoffwechsel zeigen sich erst, wenn die Hyperazidität über längere Zeit besteht bzw. regelmäßig wiederkehrend eintritt. Diese Alteration der mikrobiell-biochemischen Digestionsvorgänge wird nunmehr „chronisch-latente Pansenazidose" genannt.

Weiterhin ist nachgewiesen worden (Stöber, 1973; Elizondo, 1975; Breukink und Kuiper, 1976), daß außer beim Jungrind (Hoflund, 1957) auch beim erwachsenen Tier im Panseninhalt ein unphysiologischer Zustand durch Rückfluß von salzsäurehaltigem Labmageninhalt eintreten kann. Ein solcher abomasaler Reflux kommt in Verbindung mit verschiedenen Primärleiden vor, welche die Ingestapassage durch den Labmagen hemmen, und führt zu mehr oder weniger ausgeprägter Steigerung der Gesamtazidität, zur Verminderung der Pufferkapazität und (in extremen Fällen) bei deren „Erschöpfung" zur pH-Wert-Senkung. Für diesen Übersäuerungszustand wurde vorläufig die Bezeichnung „latente Salzsäure-Azidose des Hauben-Panseninhaltes" gewählt.

Der Terminus „Pansenazidose" reicht daher zur Klassifikation dieser Verdauungsstörungen nicht mehr aus, sondern muß neuerdings als ein Oberbegriff verstanden werden. Dem Azidose-Komplex sind nach gegenwärtigem Stande des Wissens folgende Störungen der Verdauung und des Stoffwechsels zuzurechnen:

Übersicht 8: Acidosis ingestorum ruminis

Acidosis latens chronica primaria	Verfettungssyndrom Milchfettgehaltsabfall Parakeratosis ruminis Ruminitis chronica hyperplastica Ruminitis-Leberabszess-Komplex Pododermatitis asept. diffusa chron. (Laminitis chronica) Ketosis atypica Necrosis cerebrocorticalis (?) („Molasses toxicity")
Acidosis latens secundaria	Hyperaciditas hydrochlorica ingest. rum.
Lactacidosis acuta ingest. rum.	(Ruminitis acuta; Pododermatitis asept. diff. acuta / Laminitis acuta)

Chronisch-latente Pansenazidose

(Acidosis chronica latens ingestorum reticuli et ruminis)

Wird in der Ration der Anteil an gutstrukturiertem, rohfaserreichem Futter verringert und gleichzeitig die Menge der Konzentrate (leichtverdauliche Kohlenhydrate) erhöht, so verkürzt sich die Dauer des Wiederkauens, und folglich verringert sich auch die Speichelsekretion: Der pH-Wert im Panseninhalt sinkt ab, und zwar so weit, daß der zunehmende Konzentratanteil schneller bakteriell abgebaut werden kann. Die stärke- und zuckerabbauenden Vormagenmikroben vermehren sich, die mikrobiell-biochemische Verdauungsaktivität nimmt zu, und damit erhöht sich auch die pro Zeiteinheit gebildete Säuremenge. Zugleich verschieben sich mit fallendem pH – insbesondere, wenn die untere physiologische Grenze von 5,5 unterschritten wird – auch die Anteile der einzelnen flüchtigen Fettsäuren an der Gesamtmenge der organischen Säuren. Sinkt der pH-Wert während eines längeren Zeitraumes regelmäßig in den Bereich zwischen 5,5 und 5,0, so ist der Fermentationszustand erreicht, den wir als chronisch-latente Pansenazidose bezeichnen.

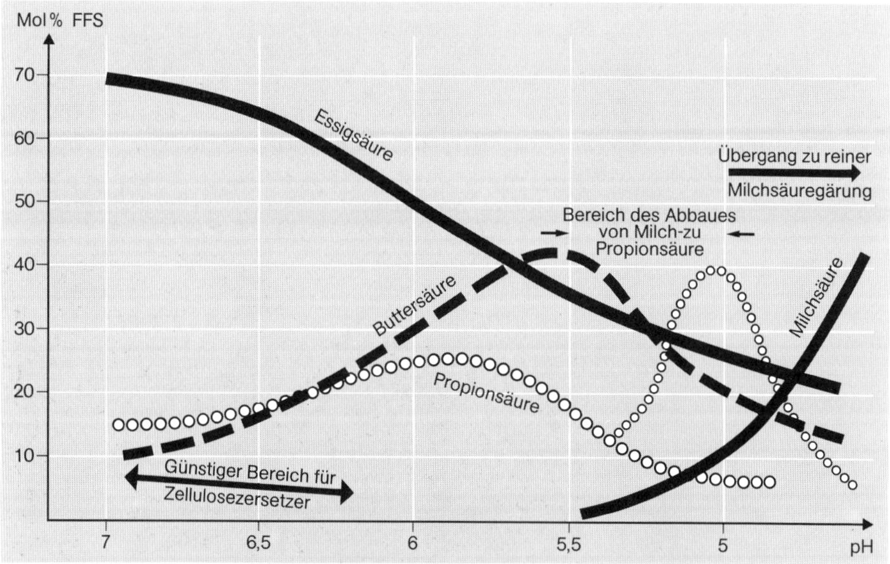

Abb. 50: Schematische Darstellung des Kohlenhydratabbaues im Pansen bei einer zuckerreichen Ration (Kaufmann und Rohr, 1967)

Das einer Arbeit von Kaufmann und Rohr (1967) entstammende Diagramm in Abbildung 50 läßt die Veränderungen im Fettsäuremuster erkennen, wie sie bei schrittweise steigenden Anteilen von saccharosehaltigen Futtermitteln in der Ration beobachtet werden können. Bei dieser relativ seltenen Verdauungssituation ist das Fettsäuremuster eindeutig zugunsten des Buttersäureanteiles verschoben. Buttersäure kann zu erheblichen Anteilen in der Pansenwand in β-Hydroxybuttersäure umgewandelt werden. Soweit die im Übermaß anflutende β-Hydroxybuttersäure nicht verwertet werden kann, wird sie teils direkt mit dem Harn ausgeschieden, teils in andere Ketonkörper übergeführt, die dann ebenfalls im Harn erscheinen. Es entwickelt sich somit zunächst das Bild einer *subklinischen Ketose;* sie kann jedoch später in eine klinisch-manifeste Erkrankung übergehen.
Häufiger als diese Form ist ein anderer Typ der chronisch-latenten Übersäuerung festzustellen, nämlich ein Ansteigen der Propionsäureproduktion. Es ist meistens auf einen hohen Anteil an Stärke in der Ration zurückzuführen. Diese Verschiebung ist in der Rindermast durchaus erwünscht und wird dort induziert, um den Masteffekt der Propionsäure auszunutzen. Bei Milchkühen kann sich die Verschiebung des Azetat: Propionat-Verhältnisses zugunsten des Propionates jedoch dahingehend auswirken, daß – einfach ausgedrückt – der Körperstoffwechsel von der Milchfettbildung auf die Depotfettbildung umgelenkt wird. Dies hat auf der einen Seite einen Abfall des prozentualen Fettgehaltes der Milch („low milk fat syndrome") und auf der anderen Seite eine starke Verfettung des Tieres zur Folge („fat cow syndrome").
Als eine weitere negative Auswirkung der hohen Fettsäurekonzentration und der Verschiebung zugunsten der Butter- und Propionsäure ist die *Parakeratosis ruminis* anzusehen. Man versteht darunter die übermäßige Anhäufung kernhaltiger Hornschichten auf den Pansenpapillen. Die Zotten sind zugleich dunkler pigmentiert, größer als sonst und im fortgeschrittenen Stadium miteinander verklumpt (Abb. 51).

Abb.51: Parakeratosis ruminis mit Ödematisierung der Zottenspitzen bei chronisch-latenter Pansenazidose

Wie experimentelle Untersuchungen gezeigt haben, geht der Reiz für das Schleimhautwachstum im Zuge der Pansenentwicklung beim Jungtier von der Buttersäure und der Propionsäure aus. Beide Säuren werden nach der Umstellung des Kalbes auf Rauhfutter in steigendem Maße im Pansen produziert. Werden diese Fettsäuren über längere Zeit in größeren Mengen als sonst gebildet, so kommt es offenbar zu einer anhaltenden Stimulation des Zottenwachstums und zur Störung des physiologischen Verhornungsprozesses im Schleimhautepithel. Im Anfang kann man diesen Vorgang vielleicht als eine Anpassung an die intensive Pansenfermentation im Sinne einer Vergrößerung der Resorptionsfläche verstehen. Nach Eintritt der Verklumpung scheint jedoch die absorbierende Schleimhautfläche eher vermindert zu sein; möglicherweise ist dies eine der Ursachen für die bei derart erkrankten Tieren zu beobachtende Entwicklungshemmung und Leistungsdepression. Außerdem wird die parakeratotisch veränderte Pansenschleimhaut empfindlich für mechanische Verletzungen, so daß Pflanzenfasern oder Tierhaare leicht das Epithel perforieren und entzündliche Reaktionen in der Tiefe der Mucosa hervorrufen können. Im fortgeschrittenen Stadium verlieren die Pansenzotten an

Abb. 52: Ruminitis chronica hyperplastica (Übersichtsbild)

Abb. 53: Ruminitis chronica hyperplastica (Nahaufnahme)

der Spitze ihr schützendes Epithel, und es bildet sich hier eine entzündliche Granulation (Abb. 52, 53). Es ist bislang noch unklar, ob für diese Form der Entzündung, die sogenannte *Ruminitis chronica hyperplastica,* allein die übermäßige Fettsäurebildung verantwortlich ist, oder ob dabei auch die zunehmende Milchsäureproduktion eine Rolle spielt. Diese umschriebenen Läsionen der Pansenschleimhaut haben vor allem deshalb Bedeutung, weil dadurch Eintrittspforten für Eiter- und Nekrosebakterien entstehen. Die in den Blutkreislauf gelangenden Keime werden über die Pfortader zur Leber geleitet und rufen dort multiple Abszesse hervor. Dieses Syndrom wird als *Ruminitis-Leberabszess-Komplex* bezeichnet; es kommt besonders bei der Rindermast auf Getreidebasis vor (Abb. 54).
Zu den möglichen Manifestationen der chronisch-latenten Pansenazidose ist mit einem gewissen Vorbehalt auch die *chronische „Klauenrehe"* (Pododerm. asept. diffusa chronica; engl. chronic laminitis) zu zählen (Abb. 55). Einschränkungen sind deshalb zu machen, weil dieses Leiden eher mit einem periodischen Ansteigen der Milchsäurekonzentration und der damit einhergehenden Bildung von Histamin, Tyramin und Tryptamin zusammenhängt,

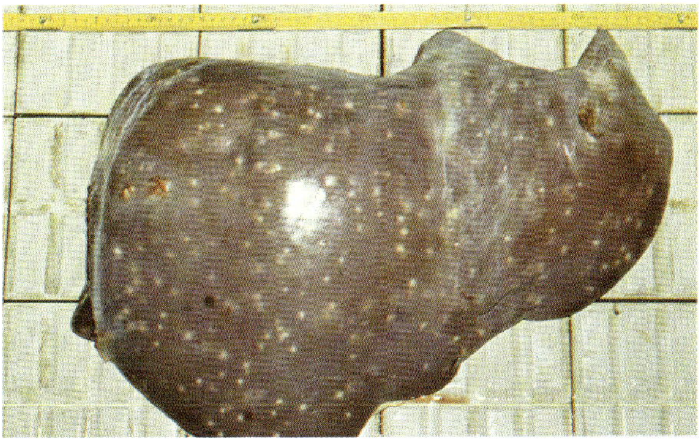

Abb. 54: Multiple Leberabszesse in Verbindung mit Ruminitis chronica hyperplastica (Ruminitis-Leberabszess-Komplex)

Abb. 55: Mastbulle mit chronischer Klauenrehe: vorständige Stellung der Vordergliedmaßen, konkave Dorsalwand an den übermäßig langgewachsenen Klauen

Abb. 56: Chronische Klauenrehe: tiefe Einkerbung der Außenwand durch Änderung der Wachstumsrichtung des Hornes

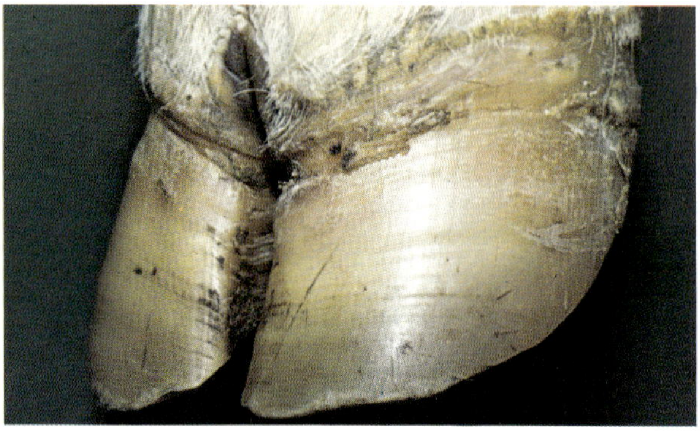

Abb. 57: Längsschnitt durch eine Klaue mit chronischer Rehe: tiefe Einkerbung des Hornschuhes, Verbreiterung der fibrosierten Lederhaut zur Spitze hin, Rotation (Senkung) des Klauenbeines

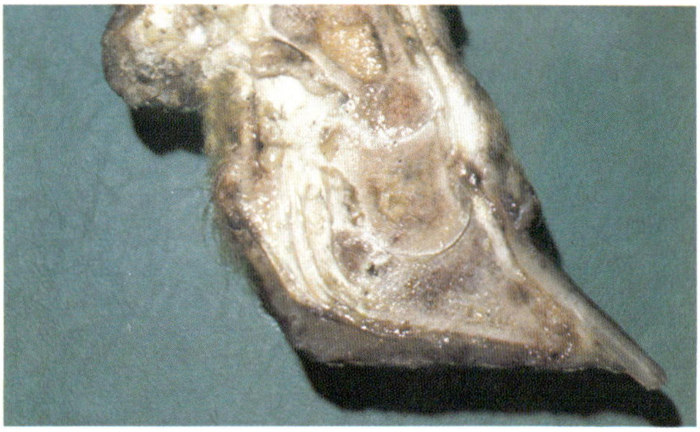

als mit der langanhaltenden Erhöhung der Fettsäureproduktion. Die aus dem Pansen resorbierten toxischen Futterabbauprodukte verursachen eine schwerwiegende Kreislaufstörung an der Klauenlederhaut mit Trennung von Hornkapsel und Klauenbein (Abb. 56, 57). Chronisch-fibrosierende Prozesse an der Klauenlederhaut, typische Verformungen des Klauenschuhes sowie eine Verschlechterung der Hornqualität sind weitere negative Folgen.
Eine Reihe von Befunden sprechen schließlich dafür, daß auch die bei den älteren Mastrindern auftretende *Cerebrocorticalnekrose* primär auf Abweichungen der mikrobiell-biochemischen Vormagendigestion, wie sie für die chronisch-latente Pansenazidose typisch sind, zurückzuführen ist. Hierfür lassen sich die folgenden Hinweise nennen: das bevorzugte Auftreten der CCN bei Mastrindern mit stärke- oder zuckerreichen Rationen, gleichartige Veränderungen der für den Kohlenhydratstoffwechsel repräsentativen Blutparameter, das von Broberg beobachtete Absinken der Thiaminausscheidung mit dem Harn im Verlauf der akuten Pansenazidose, die durch experimentelle Azidosen hervorgerufenen Hirnveränderungen und anderes mehr. Mit großer Wahrscheinlichkeit kann jedoch die auf Cuba beobachtete Polioencephalo-

malazie im Gefolge der *„Melasse-Vergiftung“* (molasses toxicity) dem Komplex der chronisch-latenten Pansenazidose zugerechnet werden.
Bekämpfung der chronisch-latenten Pansenazidose: Um das Absinken des pH-Wertes in den Bereich zwischen 5,5 und 5,0 und die damit einhergehende Verschiebung im Fettsäuremuster zu vermeiden, ist es notwendig, daß die Ration ein Minimum an strukturiertem Futter, das heißt an Rauhfutter enthält. In der Bundesrepublik Deutschland wird dieses Minimum gegenwärtig nach dem Rohfaseranteil in der Trockensubstanz der Gesamtration definiert. Der Rohfaseranteil soll in der Ration der Kühe etwa 18 bis 20 %, im Futter der Mastrinder etwa 10 bis 14 % betragen; jeweils zwei Drittel der Rohfasermenge sollen eine gute physikalische Struktur, das heißt, hinreichende Länge, Härte und Elastizität aufweisen. Außerdem empfiehlt es sich, bei konzentratreichen Rationen die sogenannte „biologische Fütterungstechnik“ (Kaufmann, 1972) anzuwenden. Man versteht darunter die Aufteilung der Kraftfutterration auf vier bis sechs Portionen bei gleichzeitigem oder wechselweisem Angebot von Rauhfutter. Der starke Abfall des pH-Wertes, wie er bei zweimaliger Fütterung zu beobachten ist, wird auf diesem Wege vermieden, und die Säurebildung verläuft im Pansen insgesamt ausgeglichener. In die gleiche Richtung gehen auch andere Maßnahmen, welche die Struktur des Futters verbessern und dadurch den neutralisierenden Speichelfluß anregen. Neben diesen „natürlichen“ Wegen der Azidose-Prophylaxe wurde weiterhin versucht, die Fermentationsprozesse im Pansen durch Zumischung von Puffersubstanzen zum Konzentratfutter zu stabilisieren. Zum Beispiel wird Natriumbikarbonat in Mengen bis zu 1 % oder Montmorillonit (= Bentonit) (Slanina, 1974) in Höhe von 2 bis 3 % dem Kraftfutter beigesetzt. Eine ähnliche Wirkung erhofft man sich auch von der Vorbehandlung des Futtergetreides mit Natronlauge (Ørskov, 1979). Diesen Vorbeugemaßnahmen ist jedoch nicht nur aus Kostengründen mit Vorbehalt zu begegnen. Zur Verhinderung von Leberabszessen wird in den „feed lots“ in den USA die periodische Beifütterung von Antibiotika praktiziert.

Akute Milchsäure-Azidose des Hauben-Panseninhaltes

(Acidosis lactica acuta ingestorum reticuli et ruminis)

Mit schrittweise steigendem Konzentratanteil in der Ration und gleichzeitig weiter sinkendem pH-Wert im Panseninhalt (in die Nähe von 5,0) wird neben den flüchtigen Fettsäuren in steigendem Maße Milchsäure gebildet, und zwar deshalb, weil nun die milchsäurebildenden Mikroorganismen einen günstigen pH-Bereich finden und sich vermehren. Diese Übersäuerung erfolgt stoßweise und kann dazu führen, daß das betroffene Tier die Futteraufnahme vorübergehend verweigert. Im angelsächsischen Sprachgebrauch nennt man diesen Zustand *„off feed"*. Die Futterverweigerung kann als ein Regulationsvorgang von seiten des Tieres angesehen werden. Es verweigert nämlich die Futteraufnahme so lange, bis der pH-Wert durch den langsam zufließenden Speichel, durch die Säureresorption und durch den Abtransport von saurem Panseninhalt in den Labmagen wieder angehoben worden ist (Abb. 58). Diese

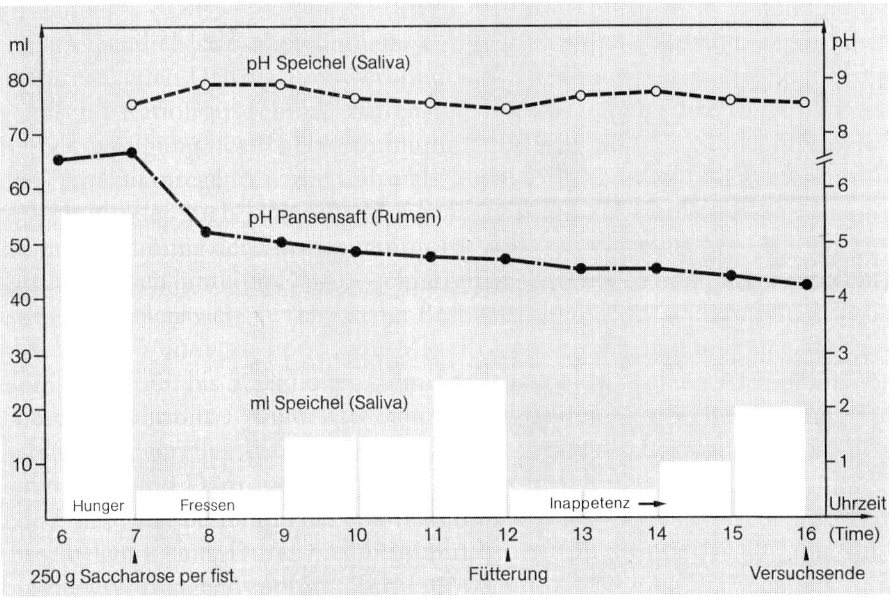

Abb. 58: Durchschnittliche Speichelproduktion aus einer Parotis beim Schaf (in Prozent des Ausgangswertes vor der morgendlichen Fütterung) nach experimentell erzeugter akuter Milchsäureazidose (Dirksen und Khamis, 1974)

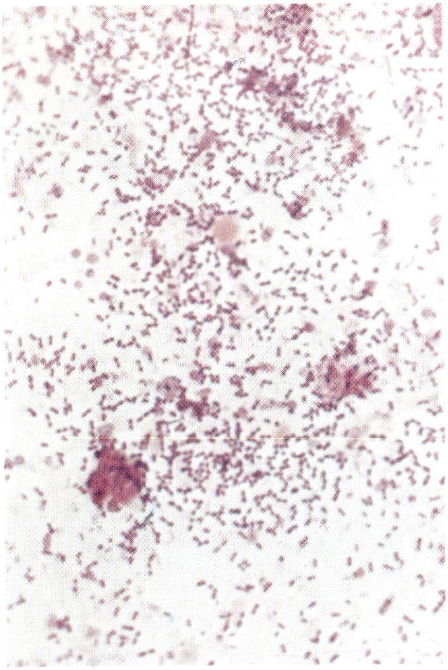

Abb. 59: Nach Gram gefärbter Pansensaftausstrich bei akuter Milchsäureazidose: die weitgehend zerstörte gramnegative Mikroflora ist von grampositiven Kokken und Kurzstäbchen überwuchert

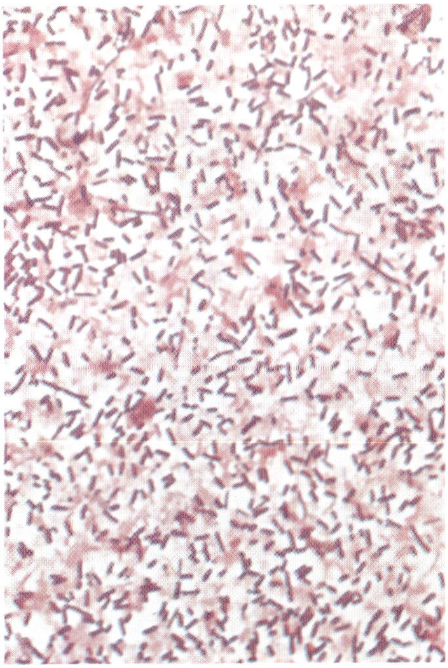

Abb. 60: Nach Gram gefärbter Pansensaftausstrich bei fortgeschrittener akuter Milchsäureazidose: es dominieren grampositive Langstäbchen

(leichteste) Form der akuten Milchsäureazidose läßt sich durch Anbieten von Rauhfutter, am besten von einer kleinen Menge Heu, leicht bekämpfen.

Bei Tieren, die bereits eine gewisse Zeit lang eine konzentratreiche Ration erhalten haben, reichen oft schon kleine Schwankungen in der Futteraufnahme aus, um die Pansenfermentation in eine reine Milchsäuregärung umschlagen zu lassen. Diese Gefahr ist aber besonders dann gegeben, wenn ein Wiederkäuer, der zuvor mit einem gutstrukturierten Futter ernährt worden ist, sich plötzlich an einer großen Menge an zucker- und/oder stärkereichen Futtermitteln, wie Getreideschroten, Zuckerrüben, Äpfeln und dergleichen, überfrißt. Der pH-Wert im flüssigen Vormageninhalt sinkt dann unter 5,0 und im Extremfall sogar bis unter 4,0. Das Tier erkrankt an einer akuten Indigestion mit Intoxikation.
Mikrobiologische Veränderungen: Bei der mikroskopischen Betrachtung des nach Gram gefärbten Pansensaftausstriches eines mit einer gemischten Heu/Kraftfutterration ernährten Tieres ist festzustellen, daß unter diesen Fütte-

rungsbedingungen die gramnegativen Mikroorganismen eindeutig überwiegen (Abb. 20). Wenn die Milchsäuregärung einsetzt, vermehren sich zunächst grampositive Kokken (Streptococcus bovis) (Abb. 59). Die dadurch bedingte pH-Wert-Senkung schafft das geeignete pH-Milieu für die Vermehrung von grampositiven Laktobazillen, und zwar zunächst von Kurzstäbchen (Lactobacillus brevis und andere). Mit fortschreitender Azidose erscheinen dann grampositive Langstäbchen (Abb. 60), und zugleich werden die gramnegativen Bakterien weitgehend zerstört. Ebenso verschwinden bei pH-Werten unter 5,0 sämtliche Pansenprotozoen.

Veränderungen der chemischen und physikalischen Beschaffenheit der Pansenflüssigkeit und der Pansenwand: Mit fallendem pH-Wert spielen sich im Vormageninhalt erhebliche chemische und physikalische Veränderungen ab. Während die Gesamtmenge der flüchtigen Fettsäuren stark zurückgeht, steigt die Konzentration der Milchsäure und kann Werte bis zu 3 g/100 ml erreichen. Der Körper reagiert auf die hohe Säurekonzentration und den damit verbundenen Anstieg des osmotischen Druckes durch Ableitung von Körperwasser in den Pansen hinein, wodurch der flüssige Panseninhalt stark zunimmt. Die Speichelsekretion geht mit dem Einsetzen der Azidose stark zurück (Abb. 58), so daß der Zufluß an Puffersubstanzen trotz der hohen Säurekonzentration reduziert wird.

Die per Sonde abgesaugte *Pansensaftprobe* (Abb. 61) erscheint dünnflüssiger als sonst, hat eine milchig-graue Farbe, einen stechend sauren Geruch und läßt eine schnelle Sedimentation der festen Partikel erkennen; eine Flotation von festen Teilen fehlt fast ganz. Bei der pH-Wert-Messung ist einerseits zu berücksichtigen, daß der pH durch den während der Entnahme zufließenden Speichel angehoben wird und daher zum realen pH im Panseninhalt um durchschnittlich 0,2 bis 0,3 Einheiten differiert. Zum anderen spielt der Entnahmezeitpunkt eine Rolle, da der pH-Wert nach Abklingen der akuten

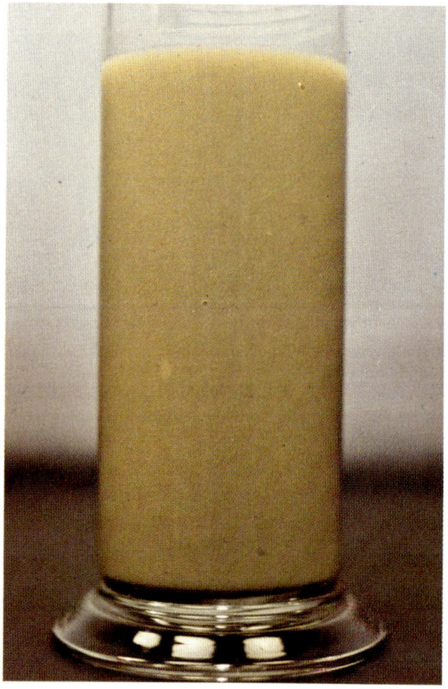

Abb. 61: Pansensaft bei akuter Milchsäureazidose: milchiggraue oder milchigbraune Färbung, fehlende Flotation, schnelle Sedimentation, säuerlicher Geruch

Phase wieder bis in den Normalbereich ansteigen kann. Die Diagnose läßt sich daher nur dann *allein* aufgrund der pH-Wert-Messung stellen, wenn Werte unter pH 5,0 gemessen werden. Die Methylenblaureduktion ist im Bereich um pH 5 und darunter stark verzögert.
Infolge der hohen Säurekonzentration und des hohen osmotischen Druckes entwickelt sich an der Magenwand ein submuköses Ödem, so daß im Falle einer Ruminotomie Erscheinungen einer akuten Ruminitis mit zum Teil großflächigen Epithel- und Schleimhautablösungen festgestellt werden können.

Blutveränderungen: Hinsichtlich der Auswirkungen der akuten Pansenazidose auf die Blutzusammensetzung ist zu berücksichtigen, daß sich die Befunde während der akuten Phase ständig ändern. Im ersten Stadium der akuten Azidose (1. bis 4. Tag) können die folgenden Veränderungen beobachtet werden: Anstieg des Laktatspiegels (wobei zu berücksichtigen ist, daß im Pansen ein Gemisch aus L- und D-Milchsäure gebildet wird); Abfall von Standardbikarbonat und Blut-pH; Anstieg der Serumgehalte an anorganischem Phosphat, Glukose und Pyruvat. Am Ende der ersten Phase zeigt sich eine deutliche Hämokonzentration mit erhöhten Werten für Gesamtserumprotein, Hämoglobin, Hämatokrit, Harnstoff und Reststickstoff. Neben der Milchsäure können auch andere im Pansen gebildete Toxine wie Histamin, Tyramin und Tryptamin zur Resorption gelangen und zum Krankheitsbild beitragen. Sofern die Blutübersäuerung nicht schon in der Anfangsphase zum Tode führt (Blut-pH unter 7,0; dekompensierte metabolische Azidose), entwickelt sich eine kompensierte metabolische Azidose. Letztere kann im weiteren Verlauf der Krankheit in eine metabolische Alkalose übergehen.

Harnveränderungen: Die Harnausscheidung ist vermindert; das spezifische Gewicht des Harnes ist erhöht, sein pH-Wert liegt im sauren Bereich. Im Harn können erhöhte Gehalte an Protein, Bilirubin, Ketonkörpern, Glukose und Milchsäure gefunden werden. Die Konzentration des anorganischen Phosphates steigt an, während die Gehalte an Natrium und Kalium eher Tendenz zur Abnahme zeigen. Nicht selten werden Leukozyten, sowie Blasen- und Nierenepithelien im Harnsediment gefunden.

Klinische Erscheinungen: Die klinischen Symptome differieren je nach dem Grad der Pansenübersäuerung, den daraus resultierenden örtlichen und resorptiven Veränderungen und dem Stadium der Krankheit.
Leicht erkrankte Tiere haben vorübergehend verminderten Appetit, verringerte, aber nicht vollständig unterdrückte Pansenbewegungen, sowie einen grau-grün gefärbten und pastösen bis suppigen Kot, dessen pH-Wert meist unter 7,0 liegt. Bei Kühen ist die Milchleistung reduziert.

Abb. 62: Infolge akuter Pansenazidose in milchfieberähnlicher Haltung festliegende Kuh

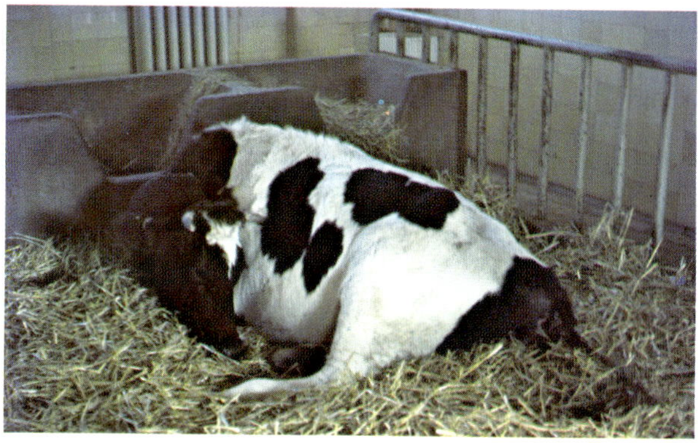

Abb. 63: Akute Klauenrehe: blutig-seröser Erguß zwischen Lederhaut und Hornschuh mit Erscheinungen der akuten Pododermatitis (Foto Dr. Kirsch)

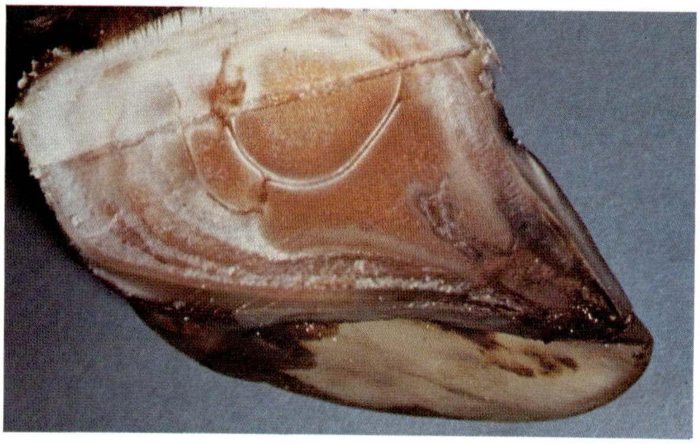

Schwerere Azidosen (Abb. 62) äußern sich in völliger Inappetenz, plötzlichem Milchrückgang, verminderter (ausnahmsweise vermehrter) Wasseraufnahme, Apathie, Muskelzittern, Zähneknirschen und Stöhnen. Etwa 20% der betroffenen Tiere zeigen Unruhe oder Kolikerscheinungen, und bei 13% besteht eine mäßige Tympanie. Bald nach dem Beginn der Indigestion zeigt sich eine wäßrig-schaumige Diarrhoe mit gelb-grün gefärbten, oftmals Blut enthaltenden Ausscheidungen. Die Herzfrequenz steigt auf 90 bis 120 Schläge pro Minute, und gewöhnlich nimmt auch die Atemfrequenz zu. Die Körperinnentemperatur ist nicht selten bis auf 40 °C erhöht. Die Pansenbewegungen kommen vollständig zum Erliegen, und falls der Pansen mit Getreideschrot überladen ist, läßt sich das feste Futter sowohl von außen als auch vom Rektum aus palpieren. Später ist dann bei der Pansenpalpation die zunehmende Verflüssigung des Mageninhaltes festzustellen. Die Tiere bewegen sich nur ungern und haben einen unsicheren, schwankenden Gang und zuweilen regelrechte Lahmheit infolge „Klauenrehe“ (Pododermatitis aseptica acuta diffusa; englisch: laminitis; Abb. 63).

Bei der *perakut verlaufenden Azidose* kommen die Tiere in einer milchfieberähnlichen Haltung zum Festliegen. Gewöhnlich besteht dann eine hochgradige Kreislaufstörung mit einer Pulsfrequenz bis 140 pro Minute. Die Körperinnentemperatur fällt auf subnormale Werte; manchmal sterben die Tiere innerhalb von 12 Stunden.

Abb. 64: Ruminitis chronica ulcerosa im Gefolge einer akuten Milchsäureazidose

Abb. 65: Durchbruch des Klauenbeines an der Sohle im Gefolge einer akuten Klauenrehe

Als *Folgeschäden* sind vor allen Dingen die chronische Ruminitis (Abb. 64) und die verschiedenartigen Klauenerkrankungen, wie Deformationen des Hornschuhes, zirkuläre Spaltbildungen, sekundäre Infektionen und andere zu nennen (Abb. 65).

Therapie der akuten Milchsäureazidose: Die Behandlung besteht in *leichteren Fällen* in der Futterumstellung auf Heu und Stroh, sowie in der Applikation von Antazida (z.B. 100 bis 300 g Natriumbikarbonat, Kalziumkarbonat oder Magnesiumoxyd) und/oder von 1 bis 2 kg Bäcker- oder Bierhefe. Außerdem können auch kleinere Dosen derjenigen Medikamente gegeben werden, die für die schweren Fälle vorgesehen sind.

Bei den *schweren Azidosen* hängt die Behandlung davon ab, in welchem Stadium das Tier vorgestellt wird. In der ersten Phase der Indigestion mit akuter Überladung des Pansens ist die Ruminotomie und Entleerung des Vormageninhaltes mit anschließendem Auswaschen des Pansens die beste und sicherste Methode. Sofern die Ruminotomie nicht angezeigt erscheint, empfiehlt sich die orale Applikation von 10 bis 20 g Chlortetracyclin zusammen mit bis zu

50 l Wasser, letzteres in mehreren Dosen über 24 Stunden verteilt. Die Antibiotikaapplikation wird eventuell schon nach 6 bis 8 Stunden wiederholt. In der zweiten Phase der Erkrankung, das heißt in den Fällen, in denen die Verflüssigung des Panseninhaltes schon eingetreten ist, empfiehlt es sich, mit einer Sonde so viel wie möglich von der Vormagenflüssigkeit abzusaugen. Anschließend werden ebenfalls Antibiotika oder auch Bier- bzw. Bäckerhefe in Mengen bis zu 2 kg oder auch beides zusammen mit reichlich Wasser per Nasen-Schlundsonde appliziert. Auch Antazida sind in dieser Phase mit Erfolg angewandt worden. Später ist wiederholt Pansensaft von gesunden Tieren zu übertragen, um eine normale Flora zu implantieren.
Zugleich erhalten alle mittelgradig oder schwer erkrankten Tiere eine parenterale Medikation: Entsprechend dem Grad der Dehydratation werden mehrere Liter physiologische Kochsalzlösung – eventuell in Form eines Dauertropfes – teils intravenös, teils subkutan injiziert. Ein Teil der Kochsalzlösung wird mit 13 g Natriumbikarbonat pro Liter ergänzt, so daß bei erwachsenen Tieren während der ersten 12 Stunden, je nach Schwere des Falles, 50 bis 100 g Natriumbikarbonat zugeführt werden. Falls Bedenken hinsichtlich einer möglichen Überdosierung von Puffersubstanzen bestehen, sollte man vorzugsweise den subkutanen und oralen Applikationsweg wählen. Weiterhin werden regelmäßig 2 bis 4 g Thiamindichlorid (Vitamin B_1) teils intramuskulär, teils intravenös appliziert und auch Antihistaminika verabreicht. In fortgeschrittenen Fällen erhalten die Tiere am 3./4. Tag außerdem Kalziumglukonat und Magnesiumglukonat subkutan. In der akuten Phase empfehlen sich auch Leberschutzmittel wie Aminosäuren und Vitamin B_{12}. Traubenzuckerinfusionen und Glukokortikoidinjektionen sind nicht indiziert.
Prophylaxe: Um die akute Milchsäuregärung zu vermeiden, sollten die Tiere während einer Periode von etwa 20 Tagen an das leichtverdauliche Futter ganz allmählich angepaßt werden. Schwankungen im Kraftfutterangebot sind möglichst zu vermeiden. Außerdem kommen diejenigen Maßnahmen in Betracht, die schon zur Bekämpfung der chronisch-latenten Pansenübersäuerung genannt worden sind.

Latente Salzsäure-Azidose des Hauben-Panseninhaltes

(Hyperaciditas hydrochlorica latens ingestorum reticuli et ruminis)

Wie zuvor dargelegt wurde (S. 18, 42, 49), sind bei der Beurteilung des pH-Wertes in einer per Sonde entnommenen Pansensaftprobe neben den Einflüssen durch die Entnahme (Speichelzufluß) vor allem der Zeitpunkt der letzten Futteraufnahme und die Art des verabreichten Futters (Abb. 36) zu berücksichtigen. So ist davon auszugehen, daß nach Unterbrechung oder starker Reduzierung der Futteraufnahme der pH-Wert der Pansenflüssigkeit infolge auslaufender Säureproduktion bei fortdauerndem Speichelzufluß kontinuierlich ansteigt. Bei einer Ration mit geringem Anteil an leichtlöslichen Kohlenhydraten kann nach einer Fastenpause von 24 Stunden mit pH-Werten um 7,0 oder noch höher, bei konzentratreicherem Futter eventuell noch mit Werten zwischen 6,5 und 7,0 gerechnet werden. Liegt der pH der entnommenen Probe unter dem zu erwartenden Wert, ohne daß nach Fütterungsanamnese und übrigen Pansensaftbefunden mit einem erhöhten Gehalt an organischen Säuren zu rechnen ist, so kann daraus auf eine durch Rückfluß von salzsäurehaltigem Labmageninhalt bedingte Senkung des pH-Wertes geschlossen werden (relative/latente/kompensierte Azidose). Dies ist vor allem dann anzunehmen, wenn die Pansensaftuntersuchung gleichzeitig eine verminderte Aktivität der Vormagenflora und -fauna ergibt (die in der Regel mit hohen pH-Werten verbunden ist).
Rückfluß von Labmageninhalt wird vor allem bei Erkrankungen des Labmagens gesehen, zum Beispiel bei Passagebehinderungen in Höhe des Pylorus, aber auch bei verschiedenen Reizzuständen, bei denen Labmageninhalt in den Pansen hinein „erbrochen" wird: Pylorusstenose infolge Lähmung der Labmagenäste des N. vagus (S. 33); Dislocatio abomasi sinistra, Dislocatio abomasi dextra (– cum torsione); Abomasitis, – ulcerosa, – geosedimentosa, – leucotica; Omentitis et Peritonitis im Labmagen-(Pylorus-)Haubenbereich; – weniger ausgeprägt bei Indigestionen in der (durch die?) Hochträchtigkeit (S. 26) und bei sekundären Indigestionen, bei Ileuszuständen im Dünn- und Dickdarmbereich, vorderen funktionellen Stenosen infolge Vaguslähmung und generalisierten Peritonitiden.
Das *klinische Erscheinungsbild* wird im wesentlichen durch das zugrundeliegende Primärleiden bestimmt. Im Gefolge der reduzierten Labmagenentleerung und des Reflux kommt es jedoch zu Veränderungen der Blutzusammensetzung und zur Beeinträchtigung der Kreislauf- und Nierenfunktion,

wodurch der Allgemeinzustand zusätzlich verschlechtert wird (BREUKINK und KUIPER, 1976). Vermehrte Flüssigkeits- und (eventuell) Gasansammlung im Pansen, verminderter Kotabsatz, herabgesetzter Hautturgor, erhöhte Pulsfrequenz, ammoniakalischer Foetor ex ore richten den Verdacht auf eine derartige Komplikation. Da die normalerweise im Austausch gegen Bikarbonat-Ionen erfolgende Rückresorption von Chlor-Ionen aus dem Dünndarm ins Blut wegen Stase und Rückfluß des Labmageninhaltes stark reduziert ist oder ausfällt (= Sequestration von Cl-Ionen im Magen), entwickelt sich auf der Blutseite eine hypochlorämische, hypokaliämische Alkalose mit Dehydratation und prärenaler Urämie. Die Niere reagiert in der ersten Phase mit einer erhöhten Ausscheidung von Bikarbonat, Natrium, Kalium und Wasser; in der zweiten Phase kann die Reabsorption von Na-Ionen im Austausch gegen H-Ionen eine paradoxe Azidurie bedingen.
Für die *Erkennung* des abomasalen Reflux sowie für die Unterscheidung von den durch organische Säuren verursachten Hyperaziditätszuständen im Vormageninhalt gibt die Pansensaftuntersuchung wertvolle Hinweise. Einige wesentliche Befunde und Differenzierungsmerkmale sind in Übersicht 9 aufgeführt (siehe auch S. 66). Sofern auch bei gründlicher klinischer Untersu-

Übersicht 9: Vergleich einiger Pansensaftbefunde bei Milchsäure- und bei Salzsäure-Azidose des Hauben-Panseninhaltes
(ELIZONDO, 1975; KUIPER, 1980; eigene Beobachtungen)

Kriterien	Milchsäureazidose	Salzsäureazidose
Farbe	milchig-grau	dunkel-oliv
Geruch	sauer	fade/sauer
pH	<5,5 – 5,0*	4,3 – 7,0 ($\bar{x}$ 6,3)
Pufferkapazität	überschritten	vermindert, in extremen Fällen überschritten
Gesamtazidität	stark erhöht	mäßig erhöht
MB-Reduktion	<5 min bis pH 5,2 >5 min unter pH 5,2	>5 min
L-Laktat	>50 mg/100 ml	<50 mg/100 ml
Chlorid	<40 mval/l**	>25/30 mval/l
Infusorien	sterben bei pH 5,0	stark reduziert
Bakterien	gram + > gram –	gram + < gram –

* in der Anfangsphase, später im physiologischen Bereich
** kann im weiteren Verlauf steigen

chung des Tieres das ursächliche Primärleiden nicht feststellbar ist, sollte mit einer diagnostischen Laparo- bzw. Laparo-Ruminotomie nicht gezögert werden.
Die *Behandlung* der latenten Salzsäure-Azidose und der damit zusammenhängenden Stoffwechselstörung ist angezeigt, wenn Aussicht besteht, gleichzeitig das Primärleiden beseitigen zu können, oder auch, um den Allgemeinstatus des Patienten für die kausale Therapie, z.B. den operativen Eingriff, zu verbessern.
So ist es stets angebracht, den übersäuerten verflüssigten Hauben-Panseninhalt abzusaugen und die mikrobiell-biochemischen Verdauungsprozesse anzuregen (S. 32, 51). Zur Korrektur des gestörten Elektrolyt- und Wasserhaushaltes dient die intravenöse (und auch subkutane) Infusion von mehreren Litern physiologischer Kochsalzlösung. Eventuell sind die Medikationen – unter Kontrolle der wichtigsten Blut- und Harnparameter – so lange fortzusetzen, bis die Magen-Darmpassage voll wiederhergestellt ist.

Übersicht 10: Auswirkungen von Fehlern in der Rationszusammensetzung auf Pansenverdauung und Körperstoffwechsel beim Rind

KH schwerverdaul. (Zellulose etc.)	KH leichtverdaul. (Stärke, Zucker)	Eiweiß (auch Harnstoff)	Fett	Auswirkungen	
				Pansen	Stoffwechsel/Gesundheit
n	n	n	n	pH 5,5–7,0 FFS 60–120 mmol/l	gut
⬆	↓	↓	↓	pH 6,2–7,0 FFS↓ E↑	geringe Leistung Gefahr: Ketose, Mangelkrankheiten
↓	↑	n	n	pH 5,0–5,5 FFS↑ PR./BU.↑	Milchfettgehaltsabfall Verfettung u. a. m.
↓	⬆	n	n	pH $<$ 5,0 FFS↓ Milchs.↑	akute Milchsäureazidose
↑	↓	⬆	n	pH 6,2–7,2 FFS↓ NH_3↑	Gefahr: Pansenalkalose
n	n	n	⬆	pH 6,2–7,0 FFS↓ NH_3↑	Verdauungsdepression Milchfettgehaltsabfall atypische Ketose

⬆ = absoluter Überschuß ↑ = relat. Überschuß ↓ = relat. Mangel n = bedarfsgemäß

↑ = hohe Konzentration / hoher Anteil ↓ = geringe Konzentration / geringer Anteil

FFS = flüchtige Fettsäuren E = Essigs. PR = Propions. BU = Butters.

Schlußbetrachtung

Wie eingangs dargelegt wurde, stand in der langen Geschichte der Vormagenforschung – die ersten systematischen Untersuchungen scheinen 1837 von HAUBNER und 1844 von FLUORENS durchgeführt worden zu sein – zunächst die Klärung der motorischen Vorgänge im Vordergrund. Erst in neuerer Zeit wurde die große Bedeutung der im Hauben-Pansenraum ablaufenden mikrobiell-biochemischen Verdauungsprozesse für das Stoffwechselgleichgewicht und damit für die Gesundheit des Wiederkäuers erkannt. Welche Stellung die Vormagendigestion im Stoffwechselgeschehen einnimmt, läßt sich allein schon an zwei Daten demonstrieren: 60 bis 80% der aufgenommenen Kohlenhydrate werden bereits im Pansen abgebaut und ihre Abbauprodukte hier resorbiert; durchschnittlich 70% der aufgenommenen Proteine werden von den Vormagenmikroben in Bakterienprotein umgewandelt. Jede Beeinträchtigung der Hauben-Pansenfunktion muß sich daher auch gravierend auf den Stoffumsatz auswirken, und zwar um so stärker, je höher die Leistungen sind, die dem Tier an Milch und Gewichtszuwachs abverlangt werden. Indigestionen jeglicher Art haben daher über die spezifischen Krankheitsvorgänge hinaus weitere Konsequenzen.

Mit den vorstehenden Referaten wurde versucht, einen Einblick in das Wesen, die Symptomatologie und die Diagnostik einiger dieser Krankheiten von Haube und Pansen (beim erwachsenen Rind) zu vermitteln. Aus Zeitgründen mußten die Dysfunktionen mit akuter Tympanie und die Reticuloperitonitis traumatica — ebenfalls Krankheiten von großer praktischer Bedeutung — unberücksichtigt bleiben. Es erschien vorrangig, vor allem die Beziehungen zwischen Fütterung und Vormagenverdauung und zwischen (qualitativen und quantitativen) Fütterungsfehlern und den Störungen der mikrobiell-biochemischen Verdauungsprozesse im Hauben-Pansenraum aufzuzeigen. Soweit es die Auswirkungen einer quantitativen Über- oder Unterversorgung mit einzelnen Nährstoffen anbetrifft, sind die Beziehungen in Übersicht 10 nochmals zusammengestellt. Diese „alimentären“ Indigestionen sind unter den Bedingungen der modernen tierischen Produktion zu einem leistungsbegrenzenden Faktor geworden.

Literaturverzeichnis

Asai, T. (1953):
Development process of reticulo-rumen motility in calves.
Jap. J. Veter. Sci. *35*, 239-252

Beghelli, W., A. Mavrulis, C. M. Caldera und R. Viviani (1967):
Influenza degli acidi grassi volatili sulla motilità prestomacale in agnelli ad alimentazione lattea.
Atti Soc. It. delle Sci. Vet. *21*, 244-249

Breukink, H. J. und R. Kuiper (1976):
Abomasal reflux in cattle with gastrointestinal disorders.
Proc. 9. Intern. Congr. on Diseases of Cattle, Paris *2*, 439-446

Clark, R. (1950):
A review of our present knowledge of factors and drugs influencing ruminal motility.
J. South Afr. Vet. Med. Ass. *21*, 49-57

Clark, R. (1951):
Studies on the alimentary-tract of the Merino sheep in South Africa. XXII. The effect of the pH of the ruminal contents on ruminal motility.
Onderstepoort J. Vet. Res. *25*, 79-91

Clark, R. (1956):
The mechanics of the ruminant stomach.
J. South Afr. Vet. Med. Ass. *27*, 79-104

Colvin, H. W. and L. B. Daniels (1965):
Rumen motility as influenced by physical form of oat hay.
J. Dairy Sci. *48*, 935-941

Diernhofer, K. (1959):
Diagnose und Behandlungen der Indigestionen des Rindes, Probleme und Erfahrungen.
Dtsch. Tierärztl. Wschr. *66*, 141-149

Dirksen, G. (1964):
Die Motorik der Vormägen des Wiederkäuers.
Zschr. Tierphys., Tierern., Futtermittelkde. *19*, 13–24

Dirksen, G. (1965):
Rumen acidosis in cattle.
Vet. Medical Rev. (Bayer) 1965: *2*, 98–125

Dirksen, G. (1967):
Beitrag zur Biochemie der Pansenazidose des Rindes.
Schweiz. Arch. Tierheilkde. *109*, 28–34

Dirksen, G. (1970):
Acidosis.
Phys. of Digestion and Metabolism in the Ruminant;
Proc. III. Int. Symp. Cambridge, Engl. 1969, p. 613–625,
Editor A.T. Phillipson; Oriel Press, Newcastle upon Tyne, England

Dirksen, G. und M. Stöber (1962):
Beitrag zu den durch Schädigung des

Nervus vagus bedingten Funktionsstörungen des Rindermagens – Hoflundsches Syndrom.
Dtsch. Tierärztl. Wschr. *69*, 213–217

Dirksen, G. und H. Rantze (1968): Untersuchungen über die Brauchbarkeit der Atropinprobe für die Differentialdiagnose der Bradykardie beim Rind. Zugleich ein Beitrag zur Diagnostik des Hoflundschen Syndromes.
Berl. Münch. Tierärztl. Wschr. *81*, 171–174

Dirksen, G. und W. Kaufmann (1978): Untersuchungen über die Pansenmotorik der Milchkuh im Zeitraum um die Kalbung.
Fortschritte der Veterinärmedizin, H. 28 (12. Kongr. Ber., DVG), 144–152
Paul Parey, Berlin – Hamburg

Ehrlein, H.-J. (1980): Vormagenmotorik bei Wiederkäuern. Publikation zum Film C 1328 des Institutes für den Wissenschaftl. Film, Göttingen.

Elizondo Vazquez, C. A. (1975): Untersuchung des Pansensaftes bei gesunden sowie an Indigestionen unterschiedlicher Ursache erkrankten Rindern (mit besonderer Berücksichtigung des pH-Wertes, der Gesamt-Azidität, des Laktat- und des Chloridgehaltes).
Vet. Diss. Hannover

Espinasse, J. (1969): Les indigestions des bovins adultes.
Revue Méd. vét. *120*, 615–642; *121*, 685-711 (1970); *122*, 137–160 (1971)

Hoflund, Sv. (1940): Untersuchungen über Störungen in den Funktionen der Wiederkäuermägen durch Schädigung des Nervus Vagus verursacht.
Svensk. Vet. Tidskr. *45*, Suppl.

Hoflund, Sv. (1955): Die Bedeutung des Rauhfutters für die Funktion der Wiederkäuermägen.
Dtsch. Tierärztl. Wschr. *62*, 403–408

Hoflund, Sv. (1957): Digestive disorders and hygiene in the feeding of calves.
OEEC-Rep. *345*, 113-140

Juhasz, B. und B. Szegedi (1980): Die Wirkung des Ammoniaks auf die Motilität der Vormägen.
Arch. Tierernährung *30*, 173–189

Kaufmann, W. (1972): Über die Regulierung des pH-Wertes im Hauben-Pansenraum der Wiederkäuer.
Tierärztl. Umschau *27*, 324-328

Kaufmann, W. (1972): Feed composition as related to feed intake, feed efficiency and composition of milk.
World review of animal reproduction *8:* 3, 38–43

Kaufmann, W. (1972): Verdauungsphysiologische Messungen zur „biologischen Fütterungstechnik“ bei Milchkühen.
Kieler Milchwirtschaftl. Forschungsber. *24*, 139–155

Kaufmann, W. (1973): Neue Wege der Milchviehfütterung.
Kieler Milchwirtsch. Forschungsber. *25*, 155–167

Kaufmann, W. (1975): Probleme der Fütterung hochleistender Kühe.
Lohmann Information
Nov./Dez. 1975, pp. 9–15

Kaufmann, W. (1976):
Zur Bedeutung der Energieversorgung hochleistender Milchkühe für den Milcheiweißgehalt und die Fruchtbarkeit.
Kieler Milchwirtschftl. Forschungsber. *28*, 347–357

Kaufmann, W. und K. Rohr (1967):
Ergebnisse gaschromatographischer Bestimmungen der flüchtigen Fettsäuren im Pansen bei unterschiedlicher Fütterung.
Z. Tierphysiol., Tierernährg., Futtermittelkde. *22*, 1–8

Kuiper, R. (1980):
Reflux van lebmaaginhoud bij het rund. Proefschrift, Utrecht

Kurtze, H. (1969):
Beitrag zum Problem der Vormagenerkrankungen und Stoffwechselstörungen von Milchkühen in Algerien.
Tierärztl. Umschau *24*, 381–385

Lender, S. H. und W. Baumgart (1976):
Verdauungsstörungen bei Rindern durch Knäuel-(Konglobat-)Bildung nach Aufnahme von Erntebindegarn.
Mh. Vet.-Med. *31*, 613–617

Neal, P. A. und G. B. Edwards (1968):
„Vagus Indigestion“ in cattle.
Vet. Rec. *30*, 396–402

Ørskov, E. R., B. J. Barnes und M. Macdearmid (1979):
Caustic Soda Treatment of Cereal Grains for Ruminants.
Summary of published work from Rowett Res. Inst., Aberdeen, G. B.

Orth, A. und W. Kaufmann (1964):
Über den Einfluß der Struktur des Futters auf die Verdauungsvorgänge im Pansen.
Z. Tierphysiol., Tierernährg., Futtermittelkde. *19*, 144–155

Orth, A., W. Kaufmann und K. Rohr (1966):
Beitrag zur Frage des Einflusses höherer und verschiedenartiger Fettgaben auf die Leistung von Milchkühen und die Verdauungsvorgänge im Pansen.
Z. Tierphysiol., Tierernährung, Futtermittelkde. *21*, 83–96